바다,
우리가 사는 곳

바다,
우리가 사는 곳

눈을 뜨면 달라진다

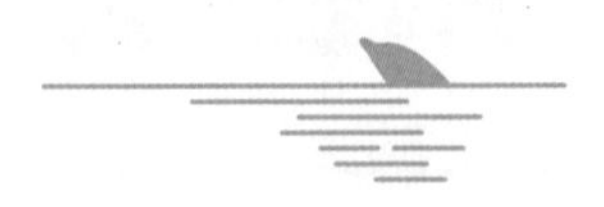

해양환경단체 핫핑크돌핀스는 2011년 한국에서 최초로 돌고래 해방 운동을 시작했다. 2013년 제돌이 제주 바다 방류를 시작으로 지금까지 수족관에 있는 남방큰돌고래를 모두 일곱 마리나 고향 제주 바다로 돌려보내는 일에 참여했다. 방류된 돌고래들이 잘 지내는지 가까이에서 모니터링하기 위해 서귀포시 대정읍 신도리에 제주돌핀센터를 세우고 멸종위기 해양생물 보호와 해양생태계 보전 운동을 펼치고 있다.

핫핑크돌핀스를 만든 사람은 환경운동가 황현진이다. 2011년 여름, 그는 우연히 뉴스에서 '국제보호종 돌고래가 20년 동안 돌고래 쇼에 이용되어왔다'는 소식을 듣고 그 돌고래들을 만나기 위해 제주도로 내려왔다. 그리고 서귀포의 중문관광단지에 있는 돌고래 공연장 퍼시픽랜드에서 생애 처음으로 돌고래라는 동물과 마주했다. 관계자 외 출입금지라고 적힌 뒷문이 빼꼼히 열려 있어서 들어갔더니 마치 목욕탕처럼 생긴 좁은 수조에서 어린 돌고래들이 첨벙첨벙 소리를 내며 물 위로 점프를 하고 있었다. 돌고래들은 무슨 말을 하려던 것일까?

군데군데 녹물이 흘러내리던 공연장 뒤편 수조는 돌고래 여러 마리가 지내기에 너무나 좁고 열악한 장소였다. 쇼가 끝나면 돌고래들은 어디로 갈까? 돌고래들은 공연이 끝나면 보조 풀장이라는, 젖은 시멘트 냄새가 풍기는 비좁은 대기 수조로 돌아가 지낸다. 화려한 무대와는 정반대로 그곳은 철문이 닫혀 있어 일반인이 접근할 수 없다. 어쩌면 돌고래들은 갑자기 나타난 낯선 사람을 보고 먹이를 달라며 퍼덕거렸을 수도 있지만, 황현진에게는 구조 신호로 다가왔다. 무엇이라도 해야 했다.

생전 처음 만난 돌고래들이 보내는 절박한 몸짓에 슬픔과 안타까움을 느낀 황현진은 다음 날부터 돌고래들의 빼앗긴 자유를 위해 1인 시위를 시작했다. 멸종위기종인 남방큰돌고래를 잡아 '볼거리'로 이용한다는 사실을 보고 가만히 있을 수 없었다. 피켓에는 '퍼시픽랜드는 불법포획 멸종위기종 돌고래 쇼 중단하고 바다로 방생하라'는 문구를 적었다. 분홍색으로 피켓을 준비했고, 분홍돌고래 모자도 만들어 시선을 끌었다. 생활은 녹록지 않았다. 아는 사람도 한 명 없었고 값싼 게스트하우스를 전전하면서 편의점 삼각김밥 한두 개로 한 끼 식사를 대신했다. 지치고 외로운 시간이었지만 두 달여에 걸쳐 퍼시픽랜드 돌고래 공연장과 제주공항, 제주항 등 사람이 많이 모이는 곳을 찾아다니며 캠페인을 지속했다.

처음에는 싸늘한 반응뿐이었다. 사람들은 돌고래를 바다로 돌려보내 달라는 황현진의 호소를 무시한 채 여전히 매표소에서 돌고래 쇼 입장권을 구입했다. 아직 한국 사회는 멸종위기 해양동물의 고통에 귀를 기울일 준비가 되어 있지 않았다. 하루는 중학생 자녀를 둔 가족이 퍼시픽랜드에 들어가려다 1인 시위를 하는 황현진을 보고 차를 돌려 입구에서 되돌아나온 일이 있었다. 그들은 귤과 시원한 음료수를 내밀며 "돌고래 쇼를 보러 왔는데, 시위를 보니 잘못된 것 같아 돌고래 쇼를 보지 않을게요"라고 말해주었다. 아무도 수족관 돌고래 해방 운동에 관심을 갖지 않을 때 이 말은 큰 힘이 되었다. 때로는 사소한 응원 한 마디가 세상을 바꾸기도 하는 법이다.

돌고래의 집은 콘크리트 수조가 아니라 넓은 바다라는 사실을 차츰 사람들이 깨닫기 시작했다. 황현진은 공연장에 있는 모든 돌고래가 대양에서 헤엄치게 되는 날까지 이 활동을 계속하겠다고 다짐했다. 그러다 퍼시픽랜드 인근 강정마을에서 제주해군기지 건설 사업으로 아름다운 제주 바다 생태계가 파괴될 위험에 처했다는 소식을 듣고 구럼비로 향했다. 그리고 그곳에서 돌고래들의 서식처가 파괴될 위기에 처했다는 사실을 알게 되었다. 낮에는 수족관 앞에서 돌고래 야생방류를 촉구하는 피켓을 들고, 저녁엔 강정마을에서 해군기지 건설을 반대하는 촛불을 들었다. 사람들의 무관심과 해군, 경찰에 의한 일상의 폭력에 지칠 때면 노래를 지어 부르고 색색의 피켓을 만들며 활동을 이어 나갔다. 핫핑크돌핀스가 2011년 처음 수족관 돌고래 야생방류를 주장했을 때에도 사람들은 대부분 "그게 가능하느냐"라고 반문했다.

그러나 아시아 최초로 이뤄진 한국의 수족관 사육 돌고래 야생방류는 성공을 거두었다.

평화운동가 조약골은 동물권에 문외한이었지만 15년 이상 채식을 하면서 자연스럽게 동물의 권리도 인간의 권리만큼이나 소중하다는 것을 느끼고 있었다. 서울 홍대 앞 철거농성장 두리반 투쟁이 승리한 뒤 2011년 여름 내려간 제주 강정마을에서 황현진과 조우해서 처음 돌고래들을 공연장에 가두지 말고 바다에 풀어 달라는 외침을 들었을 때는 솔직히 별로 마음에 와닿지 않았다. '지금 저게 중요한가?'라는 의문이 습관처럼 먼저 떠올랐다. 매일같이 경찰에 두들겨 맞거나, 감옥에 갇힌 채 목숨을 건 단식투쟁을 벌이던 사람들이 곁에 있었기 때문이었다. 당시 강정마을에서는 평화를 염원하는 생명평화 백배로 아침을 시작해서 종일 경찰과 해군에 맞서 싸우며 잘못된 공사를 저지하는 일을 하고 저녁이 되면 촛불문화제를 하며 하루를 보냈다.

그러던 7월의 어느 날, 조약골은 해가 지기 전 늦은 오후에 구럼비 앞바다를 유유히 헤엄쳐가는 제주 남방큰돌고래 20여 마리를 만나게 되었다. 조약골이 바다에서 처음 본 돌고래였다. 제주해군기지가 지어지지 않도록 지키고 선 그곳에서 자신도 모르게 소리가 터져 나왔다. 그 자리에서 큰 소리로 외쳤다.

"돌고래들아, 너희들이 살아가는 이 바다가 망가지지 않도록 내가 할 수 있는 일을 다해 지킬게. 꼭 돌아와!"

돌고래들은 목소리를 들었는지 못 들었는지 그냥 천천히 헤엄쳐갔고, 사라지는 그 모습을 오래도록 지켜보았다. 강렬한 감정이 솟구쳤다. 그것은 위기의식이었다. 강정마을 앞바다는 제주 남방큰돌고래들의 놀이터였다. 사시사철 풍부한 민물이 흘러 바다와 만나는 기수역汽水域을 이루는 그곳은 넓게 펼쳐진 연산호 군락을 바탕으로 다양한 해양생물이 모여드는 풍요로운 해양생태계가 형성되어 있었다. 그래서 돌고래에게는 천국이었을 것이다.

그런데 그곳이 해군기지 공사로 깨질 위기에 처했다. 이런 사실을 아는지 모르는지 천천히 구럼비 앞바다를 헤엄쳐 가는 멸종위기종 돌고래들은 너무나 여유롭고 평화로웠다. 절박한 마음으로 이곳을 지켜내야겠다는 다짐이 생겼다.

몇 달 뒤 해군기지 공사를 위해 강정 바다에 쳐놓은 오탁수 방지막에 돌고래들이 걸렸다는 소식이 들려왔다. 늘 다니던 길목 한가운데 갑자기 그물처럼 생긴 막체가 들어서자 돌고래들은 당황했고, 공사 예정지 안에서 몇 시간이나 빠져나가지 못하고 헤매고 있었다. 고향이 변해버린 것이다. 바다에 콘크리트 구조물이 세워지면서 돌고래 서식처가 파괴되고 있었다. 제주라는 생명평화의 섬에서 군사기지 건설 토목공사로 120여 마리만 남아 있는 멸종위기 해양생물이 쫓겨나게 생긴 것이다. 또한 바로 옆 돌고래 공연장에서는 수십 년 동안 제주 바다에서 불법으로 포획한 돌고래들을 좁은 수조에 가두고 서커스를 시키고 있었다. 깊이 고민할 필요도 없었다. 해군기지와 동물 쇼라는 이중의 착취였다. 지금 돌고래들을 지키지 않는다면 나중에는 너무 늦으리라.

불법포획이 적발된 돌고래 쇼 업체는 재판에 넘겨졌다. 국내 최초의 '돌고래 재판'이었다. 살아 있는 돌고래들이 대상이었다. 업체가 불법으로 취득한 장물, 즉 제주 남방큰돌고래들에 대해서 몰수할 거냐를 놓고 재판은 1년여를 끌었고 그 와중에도 몰수 대상 돌고래들이 펼치는 쇼는 계속 열리고 있었다. 공개된 재무 자료를 뒤져보니 업체는 동물 쇼로 매년 30억~40억 원의 매출을 올리고 있었다. 돌고래 한 마리가 연간 몇억 원을 벌어들이는데 사장은 그냥 가만히 앉아서 냉동 생선이나 먹이면서 그 수익을 모두 차지하고 있었다. 돌고래들은 감옥에 갇힌 채 휴일도 없이 노동을 했고, 휴가도 없었을뿐더러, 일하고 싶을 때 일하거나 쉬고 싶을 때 쉴 자유도 없었다.

정말 놀랐던 사실은 따로 있다. 그 업체에서는 임신, 출산한 돌고래에게 육아휴직을 전혀 주지 않았다는 사실이다. 어느 날 으레 퍼시픽랜드에 전화를 걸어 "오늘 돌고래 쇼 하죠?"라고 문의했

더니 마침 전화를 받은 직원이 "오늘은 휴일"이라고 대답했다. 뭔가 이상했다. 돌고래 공연장은 보통 휴일이 없다. 1년 365일 개장한다. 돌고래들을 굶길 수 없기 때문이다. 쇼 돌고래들은 조련사가 원하는 동작을 취해야 먹이를 받아먹도록 훈련되어 있기에, 돌고래들의 식사를 위해서라도 쇼는 계속되어야 한다는 것이 업계의 일반적인 사고방식이다. 관람객들은 쇼를 보고, 돌고래들은 먹이를 먹고.

거제씨월드의 돌고래 조련사는 민관합동 조사차 찾아간 핫핑크돌핀스 활동가에게 이 사실을 자랑스럽게 설명해주었다. 돌고래 공연장은 설날이나 추석에도 쉬지 않는다고. 아니 휴일에는 더 많은 손님이 오기에 더더욱 쉴 수가 없다고. 울산 고래생태체험관 같은 공공기관을 제외하면 나머지 국내 돌고래 사육시설은 연중무휴 개방이 원칙이다. 그런데 제주도의 공연장에서 웬일로 휴관을 한다? 이유를 물었더니 돌고래가 출산을 해서 휴관을 한다고 했다. 그럼 며칠간 휴관이에요? 3일 후 개장한다는 답변이 돌아왔다. 출산으로 허약해진 몸을 미처 풀 겨를도 없이 또다시 쇼에 동원되어야 하는 심정이 얼마나 비참했을까.

돌고래 학살지로 알려진 일본 다이지에서는 돌고래가 임신을 하면 즉시 쇼를 멈추고 휴식을 취하게끔 한다. 일본 다이지 고래박물관의 고래 조련사는 "우리는 돌고래가 출산을 하면 2년간 쇼를 하지 않고 편하게 쉴 수 있도록 배려한다"라고 답했다. 무자비한 돌고래 사냥으로 악명 높은 일본 다이지 마을의 쇼 돌고래들도 임신 기간과 출산 이후를 합쳐 3년간 육아휴직을 얻는데, 그에 반해 한국으로 팔려오거나 한국 해역에서 잡힌 쇼 돌고래는 일주일도 제대로 쉬지 못하고 다시 강제노동에 동원된다. 휴일도 없이 1년 365일 지속되는 지독한 한국판 노예제도를 끝장내고 싶었다. 자본주의가 세련화되고 고도화되어서 이윤 추구의 메커니즘이 은폐되고 있다는데, 돌고래 공연장에서는 야만이 날것 그대로 퍼덕거리고 있었다. 돈벌이를 위해 생명이 피를 빨리며 죽어가는 모습이 돌고래 공연장의 본질이었다.

핫핑크돌핀스가 펼친 수족관 돌고래 해방 운동의 성과는 의외로 빨리 나타났다. 대법원 판결로 몰수된 퍼시픽랜드와 서울대공원의 돌고래들이 고향인 제주 바다로 돌아가게 된 것이다. 모두 남방큰돌고래다. 2013년에는 제돌이와 춘삼이, 삼팔이, 2015년에는 태산이, 복순이 그리고 2017년에는 금등이와 대포까지 귀향했으니 모두 일곱 마리의 '노비' 돌고래가 해방을 맞이했다. 이 책은 2011년부터 핫핑크돌핀스가 해양생태계 보전 활동을 벌이며 알게 된 다양한 해양동물의 이런 이야기를 적은 기록이다.

차례

3부 | 죽음이 차오르기 전에

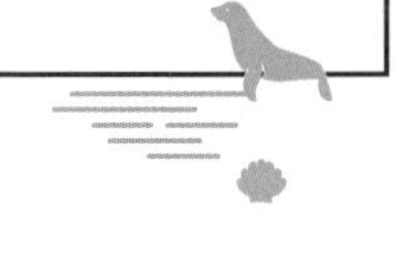

4부 | 위기에 빠진 고래들

일러두기

- 단행본은 《 》으로, 신문은 〈 〉으로, 방송과 영화, 앨범은 『 』으로 표기했다.
- 인명과 지명은 외래어표기법을 따랐다.
- 종명은 국립수산과학원의 명명을 우선하고 여기에 없을 경우 학계의 명명을 따랐다. 정식 종명이 아닌 별명의 경우에도 종명에 준하여 띄어쓰기를 모두 붙여 썼다.
- 사진의 저작권이 핫핑크돌핀스에 있는 경우 별도의 저작권 표시를 하지 않았다.
- 고래류를 비인간 인격체로 보는 이 책에서는 동물에게는 쓰지 않고 인간에게만 쓰는 표현을 고래류에 한해 허용했다.

1부

감금에서 해방으로

돌고래도 인격이 있다?
인류가 아닌 비인간 인격체

2011년 여름에 핫핑크돌핀스는 수족관에 갇힌 돌고래들을 풀어주고 고향인 바다로 돌려보내야 한다는 돌고래 해방 운동을 시작했다. 그런데 한국만의 상황이 아니었다. 동물 해방 운동은 세계 곳곳에서 벌어지고 있었다. 가장 놀라운 소식은 2013년 인도에서 들려왔다. 외신을 통해 전해진 뉴스에 의하면 인도 중앙정부의 환경산림부 장관은 신규 돌고래 수족관 개장을 금지하면서 그 이유로 고래류 동물이 비인간 인격체non-human person이기 때문이라고 설명했다.

돌고래가 호모 사피엔스처럼 우리와 같은 인류는 아니지만 충분히 사람과 같은 인격적인 대접을 받아야 마땅하다고 공식 선언한 것이다. 그런 이유로 인도에서 돌고래 공연장과 전시용 수족관

핫핑크돌핀스는 2011년 7월에 수족관 돌고래 해방 운동을 시작했다.

이 금지되었다. 그래서 수도 델리 인근의 노이다, 남부 케랄라주의 코친, 뭄바이 이렇게 세 군데에서 돌고래 공연장과 돌고래 체험장 설립 신청이 모두 불허되었다. 인격적으로 대우해야 하는 돌고래를 수조에 가두는 것은 명백한 동물학대라고 밝힌 인도는 이제 영국, 브라질, 칠레, 헝가리, 코스타리카 등과 마찬가지로 돌고래 수족관을 금지한 나라에 속하게 되었다. 이후 프랑스도 흐름에 동참했다. 이탈리아와 스페인은 규정에 미치지 못한 돌고래 수족관을 폐쇄하고 있다. 캐나다와 미국은 요즘 바다에 돌고래 쉼터를 만드는 작업을 진행하는 중이다. 인류는 아니지만 동물도 사람처럼 대우해야 한다는 이유로 여러 나라에서 인도적인 처우를 보장하기 시작한 것이다.

이에 비하면 당시 한국은 환경 의식 수준이 매우 낮아 보였다. 동물권도 전혀 존중하지 않았다. 국격이 낮은 나라에 사는 것이 솔직히 부끄러웠다. 그래서 핫핑크돌핀스는 돌고래를 '인류가 아닌 사람'으로 바라볼 것을 주문했고, 한국 정부에 수족관 돌고래 해방을 요구함과 동시에 특히 돌고래 학살과 포획으로 악명 높았던 일본 정부에 학살 중단을 촉구하기 시작했다.

핫핑크돌핀스는 일본 다이지 마을에서 돌고래 사냥이 시작되는 2013년 9월 초 주한 일본대사관 앞에서 집회를 열었다. 그런데 우리의 현수막을 본 사람들이 고개를 갸웃거렸다. 마치 "인류가 아닌 사람이라면 누구를 말하는 거야?"라고 묻는 것처럼. "돌고래들도 인격을 가진 개체로 대우하자는 말입니다"라고 설명하면 그제야 고개를 끄덕였다.

그렇다면 동물을 인격체로 보는 기준은 무엇인가?

이는 결국 무엇이 사람다운가 하는 질문으로 연결된다. 만약 어느 생명체가 사고력과 추상적 개념을 이해하는 등 높은 지능을 갖고 있으며, 도구를 사용하는 능력이 있고, 문법에 따라 문장을 구성할 수 있을 정도로 복잡한 체계의 언어를 구사할 수 있고, 상대방의 고통에 연민을 느끼는 등 감정이 풍부하며, 공통의 문제를 힘을 모아 해결하는 사회적 연대를 할 수 있고, 각자 자의식을 갖고 서로 구분하며, 자신만의 개성이 있고 자기 통제력을 보이며, 서로를 도덕적으로 대우하는 등의 요건을 충족하면 최소한 이들을 인격체로 존중해주자는 것이 비인간 인격체의 개념이다.

이런 기준을 통과한 돌고래, 유인원, 코끼리 등은 인간은 아니지만 인격체로 보자는 의미에서 비인간 인격체로 명명되기 시작했다. 최근에 이 견해를 뒷받침하는 사례들도 알려지고 있다. 좁은 수족관에서 친구가 숨을 쉬지 못하고 바닥으로 가라앉자 동료 돌고래들이 달려들어 인공호흡을 해주면서 이 돌고래를 살리기 위해 애쓰는 모습이 포착된 것이다. 학자들은 이런 돌고래의 모습에서 공감 능력과 사회적 연대의 특성을 발견한다.

거울 실험도 흥미롭다. 돌고래들에게 거울을 줬더니 본능적으로 한참 들여다보면서 자신의 모습을 인식한 것이다. 돌고래들은 입을 벌려 자신의 혀를 거울에 비춰 보거나 거울을 두드리기도 했다. 이 실험으로 돌고래들이 높은 수준의 사고력과 자의식을 갖고 있으며, 추상적 개념을 이해하고, 도구를 사용하는 능력도 있음을 알게 되었다.

그런데 돌고래에게 자의식이 있다는 것은 무엇을 의미할까? 이는 곧 자신은 누구이며, 지금 무엇을 하고 있는지, 자신은 어떤 환경에 있는지, 자신이 하고 싶은 것은 무엇인지 등을 인지한다는 말이다. 수족관 돌고래의 삶이 견디기 힘들 정도로 고통이 커지면 때때로 자살을 한다는 사실도 이런 맥락에서 이해할 수 있다. 다큐멘터리 『코브』의 주인공이자 유명 돌고래 조련사였던 릭 오베리는 감금 스트레스 때문에 스스로 호흡을 멈추고 죽음을 택한 돌

일반적인 돌고래 수족관. © chris-blonk, unsplash

고래를 보고 돌고래 해방운동가로 변신했다.

비참하게 사는 것보다 차라리 죽는 것이 낫겠다고 생각할 정도로 돌고래의 자의식은 강하다. 그래서 때로는 수조에서 갓 태어난 새끼 돌고래에게 헤엄치며 호흡하는 법을 제대로 알려주지 않는 방식으로 갓난아이가 노예의 삶을 살지 않도록 모정을 베푸는 수족관 어미 돌고래들의 사례도 알려져 있다. 영원히 행복할 수 없는 삶을 자기 2세에게 짊어지운다는 것은 차마 할 짓이 못 된다고 여기기 때문일까.

비인간 인격체 동물은 어디까지 사고할 수 있을까? 얼마나 속깊이 서로 감정을 나누고 교류할까? 그리고 그들은 얼마나 행복할까? 우리는 모르는 것이 너무나 많다. 최근 프랑스 과학자들이

'동물의 관점에서' 수족관 돌고래의 행복도를 측정하는 3개년 프로젝트를 진행 중이라고 한다. 연구팀은 혼자 갇혀 있거나 도구를 갖고 놀 때보다 친한 사육사와 교감하는 것을 수족관 돌고래들이 더 바란다는 사실을 알아냈다. 친한 이와 교감할 때 더 행복하다는 것이다. 이 단순한 사실을 굳이 비인간 인격체를 수족관에 가둬놓고 온갖 실험을 해보고서야 알아낼 수밖에 없었다니.

무기징역형으로 감옥에 갇힌 죄수에게 친한 친구의 편지 한 장 또는 면회 한 번이 얼마나 반가울지 누구나 짐작할 수 있을 것이다. 수감자에게 석방만큼 커다란 행복이 또 있을까? 비인간 인격체를 동물원, 수족관 전시 '부적합' 종으로 보는 이유가 여기에 있다. 비인간 인격체도 함께 행복한 세상이 되었으면 좋겠다. 이들에게 최소한의 인간다운 권리를 허하라!

한국은
돌고래 쇼 없는 국가가 될 수 있을까

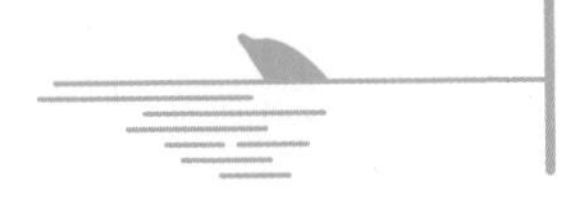

한국 돌고래 쇼의 한 시대가 저물었다. 1984년에 한국에서 처음으로 돌고래 쇼를 시작한 서울대공원이 2017년 5월 마지막 남은 세 마리 돌고래를 보내고 영구히 돌고래 공연장을 폐쇄했다. 서울대공원은 돌고래를 다시 들여오지 않겠다는 '돌핀-프리' 선언을 했고, 이는 국내에 남아 있는 일곱 군데 고래류 전시장과 공연장에 시사하는 바가 클 것이다.

별다른 오락거리가 없던 시절에는 돌고래 수족관이 호기심을 자극하기도 했고, 놀라움과 감동을 주기도 했다. 난생처음 보는 거대한 바다 생물의 화려한 움직임에 사람들은 쉽사리 매료되었다. 그런데 시대가 변했다. 굳이 살아 있는 생물을 가둬놓은 실제 전시장이 아니더라도 우리는 관련 산업과 기술의 발전을 통해 충분한 정보와 오락을 즐길 수 있게 되었다. 아이들이 실제 공룡을 본 적이 없지만 여러 콘텐츠를 통해 공룡의 매력에 충분히 빠져드는 것처럼 말이다.

돌고래 쇼가 신기했던 예전과 지금은 무엇이 달라졌을까? 가장 중요한 변화는 이제 바다에 고래가 많지 않다는 점이다. 서식처와 같은 환경을 마련할 수 없다면 잡아와서 가둬놓아서는 안 된다는 동물복지에 대한 생각이 자연스럽게 받아들여지게 된 것도 커다란 변화다. 쇼를 해온 돌고래들의 슬픈 진실이 드러난 것도 돌고래 쇼의 중단을 불러오게 되었다.

서울대공원이 개장한 이래 여기서 죽어간 돌고래는 핫핑크돌핀스 조사 결과 총 열세 마리로 집계되었다.(24쪽 표 참조) 한국에서 두 번째로 돌고래 쇼를 시작한 제주 퍼시픽랜드에서 죽어간 돌고래는 이보다 많다. 2009년 문을 연 울산 고래생태체험관에서는 지금까지 돌고래 여섯 마리가 폐사했고, 2014년 개장한 거제씨월드에서는 일곱 마리가 죽어나갔다. 롯데월드 아쿠아리움에서도 흔히 벨루가라는 이름으로 유명한 흰고래 폐사가 발생했고, 다른 곳에 있는 돌고래들도 정형행동을 보이는 등 심각한 스트레스에 시달리고 있다.

그런데도 수족관 관리자들은 야생에 비해 수족관 환경이 더 안전하다고 주장한다. 수온 변화도 없고, 먹이도 정기적으로 공급하며, 수의사가 건강을 돌보고, 사육사들이 정성으로 동물들을

서울대공원 돌고래 사육 연혁 (2017년 9월 기준)

반입일	이름(성별)	종	폐사일	비고
1983.11.6.	돌이(수)	큰돌고래	1989.5.19.	폐사
1983.11.6.	고리(암)	큰돌고래	1986.3.23.	폐사/박제
1983.11.6.	래리(암)	큰돌고래	1991.12.7.	폐사/박제
1986.6.8.	고리2(암)	큰돌고래	1997.3.19.	폐사
1988.3.20.	막내(암)	큰돌고래	1995.9.27.	폐사
1990.11.25.	돌이(수)	큰돌고래	1992.9.30.	폐사
1995.10.25.	단비(암)	큰돌고래	1996.1.11.	폐사
1995.10.25.	차돌(수)	남방큰돌고래	2002.5.14.	폐사
1997.5.14.	차순(암)	큰돌고래	2002.1.15.	폐사
1998.4.22.	바다(암)	큰돌고래	2000.4.9.	폐사
2002.10.8.	돌비(수)	남방큰돌고래	2008.4.14.	폐사/골격
2003.3.18.	쾌돌(수)	남방큰돌고래	2008.7.4.	폐사/골격
2009.6.21.	태양(수)	큰돌고래	2012.10.20.	폐사
2002.3.18.	대포(수)	남방큰돌고래	2017.7.18.	야생방류
1999.3.18.	금등(수)	남방큰돌고래	2017.7.18.	야생방류
2008.9.25.	태지(수)	큰돌고래	2017.6.20.	타 시설 위탁사육
2009.7.25.	제돌(수)	남방큰돌고래	2013.7.18.	야생방류

보살피기 때문에 돌고래들이 더 행복하다는 것이 수족관 측 주장이다. 문제는 평균 수명이다. 야생에서 40년을 사는 돌고래들이 한국의 수족관 시설에서는 겨우 4년밖에 살지 못한다. 높은 폐사율은 수족관 돌고래들이 좁은 수조에 갇혀 정신적 스트레스에 시달리고 있으며, 인간이 만들어놓은 인공적인 환경이 돌고래들에

전혀 적합하지 않다는 것을 잘 보여준다.

동물원은 19세기 제국주의 열강의 세계 지배 산물이고, 돌고래 쇼는 20세기 동물 서커스 산업이 자연을 착취해온 산물이다. 야생 상태에서 해양생태계 최상위 포식자인 돌고래들은 업자들에게 잡혀와 강제로 순치된 뒤 결국 인간을 위한 눈요깃감으로 전락해버린다. 바다의 터줏대감이 인간을 위한 오락거리가 되어버린다. 자의식이 있는 돌고래들에게는 비참한 일일 것이다. 이들은 조련사의 지시에 따라 점프를 하고, 배를 까뒤집는다. 고된 서커스 노동의 대가로 냉동 생선 몇 점을 얻어먹는다. 현대판 노예제도인 셈이다.

한국 돌고래 수족관에서는 매년 돌고래 폐사 소식이 들려왔다. 이런 진실이 알려지자 사람들이 돌고래를 바다로 돌려보내라는 주장에 공감하기 시작했다. 드디어 제돌이를 시작으로 남방큰돌고래 일곱 마리가 고향인 제주 바다로 야생방류되었다. 방류는 성공적이었고, 이 가운데서 삼팔이, 춘삼이, 복순이 등 암컷 세 마리는 자연에 완벽하게 적응하여 야생 돌고래 사이에서 새끼까지 낳아 키우는 것이 확인되었다. 모두 핫핑크돌핀스가 돌고래 해방 운동을 시작한 2011년 이후의 일이다. 돌고래들을 바다로 돌려보낸 일은 정말 잘한 일이구나 싶어 보람을 느낀다.

하지만 서울대공원의 돌핀-프리 선언은 반쪽짜리 성과로 남아 있다. 왜냐하면 제주 바다에서 불법으로 포획된 남방큰돌고래

2019년 4월 국내 수족관 사육 고래류 현황

업체명	종과 수	포획지	반입경로	비고
울산 고래생태체험관	큰돌고래 4	일본(다이지)	수입	전시, 공연
	큰돌고래 1		수족관 번식	전시, 공연
제주 퍼시픽랜드	남방큰돌고래 1	한국(제주)	불법포획	전시, 공연
	혼종 2		수족관 번식	전시, 공연
	큰돌고래 2	일본(다이지)	수입	전시, 공연 서울대공원 위탁
제주 마린파크	큰돌고래 4	일본(다이지)	수입	전시, 체험
한화 아쿠아플라넷 제주	큰돌고래 6	일본(다이지)	수입	전시, 공연
한화 아쿠아플라넷 여수	벨루가 3	러시아	수입	전시, 연구
거제씨월드	큰돌고래 9	일본(다이지)	수입	전시, 체험
	벨루가 4	러시아	수입	전시, 체험
롯데월드 아쿠아리움	벨루가 2	러시아	수입	전시, 공연
총 7곳	**총 38마리**			

들은 고향으로 돌아갔으나 일본 다이지에서 수입해온 큰돌고래 태지는 바다로 돌아가지 못하고 서울대공원에서 제주 퍼시픽랜드로 이송됐기 때문이다. 현재 국내에는 일곱 개의 수족관 시설에서 고래류 38마리가 사육되고 있다. 이 시설들이 모두 문을 닫고 콘크리트 수조에 갇힌 고래들이 다 바다로 돌아갈 때야 비로소 우리는 이들에게 자유를 돌려주었다고 말할 수 있을 것이다. 한국도 영국이나 코스타리카처럼 돌고래 사육시설이 없는 국가가 될 수 있을까?

싱가포르 언더워터월드 수족관의 중국 분홍돌고래에서 피부암이 발견되었다. © 시셰퍼드

이와 관련해 싱가포르의 돌고래 공연장은 한국과 비슷한 궤적을 그리고 있어서 흥미롭다. 1991년 개장해 25년간 영업해온 언더워터월드 싱가포르가 2016년 영업을 중단하고 문을 닫았다. 개장 당시 이곳은 터널을 이용해 물고기들의 배를 볼 수 있는 최신 시설을 도입했고, 야간 개장을 통해 밤이 되면 활발히 활동을 시작하는 다양한 해양동물을 보여주면서 시민들에게 많은 볼거리를 제공했다.

이에 힘입어 언더워터월드는 1999년 태국에서 중국의 멸종위기 돌고래인 분홍돌고래 여섯 마리를 들여와 돌고래 쇼를 시작했다. 몸빛에 분홍색이 섞여 별명인 분홍돌고래로 불리지만, 인도태평양혹등고래 또는 중국흰돌고래가 정식 명칭이다. 특히 중국 연안에 사는 돌고래는 온몸이 분홍색으로 유명하다. 바다에서 보기 힘든 중국 분홍돌고래들이 펼치는 쇼에 시민들은 환호했지만, 역시나 그 이면에는 돌고래들의 슬픈 고통이 자리 잡고 있었다. 좁은 콘크리트 수조에 갇힌 분홍돌고래들이 질병에 걸리기 시작한 것이다.

2014년 그 가운데 한 마리에서 피부암이 발견되었고, 시셰퍼드와 같은 국제해양환경단체가 집중적으로 문제제기를 하면서 이슈가 되어 널리 알려졌다. 피부암에 걸린 분홍돌고래는 머리 부분에 울룩불룩한 종양이 생겨났고, 이 상처로 고통스러워하는 사진이 퍼지면서 여론이 급속도로 악화되었다.

환경단체들은 지속적으로 멸종위기 돌고래를 이용한 동물 쇼를 중단하라고 요구했고, 마침내 2016년 6월에 이곳의 돌고래 공연장이 마지막 쇼를 마치고 폐쇄되었다. 싱가포르 센토사섬 인근에 최신 시설을 갖춘 새로운 돌고래 공연장이 개장하면서 경쟁이 심해졌고, 낙후된 언더워터월드에는 관람객이 찾지 않게 된 것이다. 싱가포르에서 중국 분홍돌고래는 더 이상 돌고래 쇼에 동원되지 않는다. 그러나 새로 문을 연 부근의 돌고래 공연장은 이들 대신 인근 연안에 살고 있는 남방큰돌고래를 들여와 쇼를 한다고 자랑스레 선전하고 있다.

싱가포르 돌고래 공연장이 문을 닫은 뒤 그곳에 살던 분홍돌고래들은 바다로 돌아가게 되었을까? 안타깝게도 이들은 2016년 10월 중국 광둥성 주하이에 있는 침롱오션킹덤으로 이송되었다고 한다. 도박의 도시 마카오 바로 옆이다. 중국에서 시민운동이 더욱 활발히 벌어졌다면 이 분홍돌고래들은 지금쯤 중국 남부 연안 넓은 바다를 헤엄치고 있었을지도 모른다.

일본의 잔인한 돌고래 학살지 다이지에서 매년 중국으로 수출되는 돌고래는 약 100마리에 이른다. 이 때문에 다이지에서는 지금도 돌고래가 포획되고 있다. 매년 일본 다이지에서 포획 허가되는 돌고래 숫자는 천 마리가 넘는다. 중국에서는 각 도시마다 돌고래 수족관이 우후죽순처럼 생겨나는 추세다. 한국도 제돌이 방류 이후 대기업들이 앞다퉈 돌고래 수족관을 지으면서 오히려 쇼 돌고래 숫자가 훨씬 증가했다.

한쪽에서는 풀어주는데, 다른 쪽에서는 계속 잡아오는 모순된 현실에 우리는 살아가고 있다. 명절에 가족들과 함께 돌고래 공연장을 찾기로 결심했다면, 이곳이 단순한 오락거리인지 아니면 '돌고래 감옥'인지 한번 생각해보는 것도 좋을 것이다.

사연 많은 남방큰돌고래 복순이,
바다에서 엄마가 되다

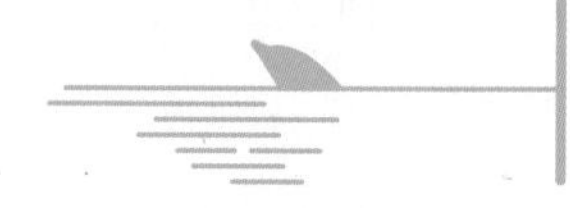

돌고래 공연장에 갇혀 지내다 우여곡절 끝에 고향 바다로 돌아온 제주 남방큰돌고래 복순이가 새끼를 낳아 기르는 모습이 해양동물생태보전연구소MARC 연구원들에 의해 확인되었다. 복순이는 2018년 8월 초 출산한 것으로 보이며 갓 태어난 아기 돌고래와 함께 제주 대정읍 앞바다에서 헤엄치는 모습이 지속적으로 목격되고 있다. 삼팔이, 춘삼이에 이어 세 번째로 야생방류된 돌고래의 출산 소식이다. 열 손가락 깨물어 안 아픈 손가락이 없다지만 복순이야말로 쇼 돌고래 해방 운동을 벌여온 핫핑크돌핀스에게 가장 아픈 손가락이었다. 대체 무슨 사연이 있던 것일까.

복순이는 2009년 5월 1일 제돌이와 함께 제주 성산읍 신풍리 앞바다에서 정치망(한 자리에 쳐놓고 고기떼가 걸리도록 하는 그물)에

2011년 7월 19일 제주 퍼시픽랜드 사육 수조에 갇혀 있던 삼팔이, 춘삼이, 복순이, 태산이.

걸렸다가 1500만 원에 제주 중문관광단지 내 퍼시픽랜드라는 돌고래 공연장으로 팔려간 암컷 돌고래다. 한날한시에 같이 불법포획된 수컷 돌고래 제돌이는 곧 서울대공원으로 팔려갔다. 고향에서 갑자기 끌려와 친구도 잃고 낯선 수조에 갇힌 트라우마가 매우 컸으리라. 이 때문에 복순이는 성격이 활달했던 다른 돌고래들에 비해 특히 우울증이 심했다. 복순이가 갇힌 수조에는 춘삼이(2009년 6월 23일 포획), 태산이(2009년 6월 25일 포획), 삼팔이(2010년 5월 13일 포획) 등이 줄줄이 잡혀오게 된다.

사방이 뚫린 넓은 바다가 아니라 관객들의 환호성이 귓전을 때리며 윙윙거리는 공연장에서 묘기 동작을 강요받으며 살아가게 된 돌고래 가운데 복순이는 특별한 존재였다. 부리가 휘어진 선천적 '장애'를 갖고 있었던 것이다. 인간으로 치면 부정교합인 셈인데, 사냥이 불가능할 정도로 커다란 장애는 아니어서 야생에서는 다른 무리들과 어울려 먹이 활동을 하는 데 지장이 없었다. 하지만 우울증이 심한 복순이가 먹이를 잘 먹으려 하지 않는 게 장애 때문이라고 추측한 일부 사람들은 자연으로 방류돼도 혼자 힘으로는 야생에서 사냥이 힘들 것이라며 방류에 부정적인 입장을 피력했다.

핫핑크돌핀스 활동가가 2011년 7월 처음으로 찾아간 퍼시픽랜드 사육 수조(돌고래들이 공연 후 머무르는 비공개 수조)에는 복순이를 비롯한 돌고래들이 목욕탕 같은 좁은 풀에 갇혀 있었다. 복순이는 휘어진 부리 때문에 확연히 구분이 가능했다. 사육 환경은 비참했고 폐사가 계속되고 있었다. 2009년과 2010년 사이 퍼시픽랜드 수조에서 다섯 마리 이상 죽은 것이다. 이런 사실에 충격을 받은 핫핑크돌핀스는 바로 '납치된 돌고래를 바다로' 캠페인을 시작했다. 결국 2013년 3월 대법원은 이들을 모두 몰수해 바다로 돌려보내라고 판결했다.

판결 대상이 된 다른 돌고래들이 바다로 돌아갈 준비를 하는 가운데 복순이는 냉동 생선을 제대로 먹으려 하지 않았고, 사육사들과도 거리를 두었기 때문에 바로 야생방류되지 못했다. 건강하지 않은 상태에서 방류했다가 혹시 죽기라도 하면 문제가 커질 것이라는 전망이 우세했기 때문이다. 그래서 건강한 돌고래들만 먼저 방류하기로 하고, 복순이와 수컷 태산이는 서울대공원 수조로 옮겨져 다시 기약 없는 세월을 보내야 했다.

친구들이 자신만 두고 고향으로 돌아가는 모습을 지켜보는 복순이의 마음이 어땠을까.

비운은 여기서 그치지 않았다. 복순이는 곁에 있던 유일한 친구 태산이와의 사이에서 임신을 하게 되는데, 당시 돌보던 서울대공원 사육사들이 이 사실을 알아채지 못했다. 돌고래는 자세히 살펴보지 않으면 임신 사실을 알기 어렵다. 아마도 임신 상태가 뚜렷하게 구분된다면 포식자의 공격에 취약해지기 때문에 야생 돌고래는 임신해도 외양의 변화가 크지 않도록 진화했을 것이다. 그런데 사육사들의 무관심과 우울증으로 고립된 생활을 하던 복순이에게도 고향으로 돌아갈 기회가 이 시기에 찾아왔다.

핫핑크돌핀스는 처음부터 서울대공원 수조로의 이송을 반대한 입장이었다. 우울증이 심했다고는 하지만 당시나 지금이나 사육 돌고래 우울증captive dolphin syndrome을 치료할 수 있는 수의사도 없었고, 치료약이나 치료시설도 전혀 없기 때문에 그저 수조에 두고 지켜보는 것만이 인간이 아픈 복순이를 위해 할 수 있는 전부였다. 야생방류가 유일한 대안이었다. 시민단체들은 지속적으로 방류를 주장했고, 결국 해양수산부에서도 태산이와 복순이를 언제까지 수조에 두고 있을 수만은 없어서 방류하기로 결정했다.

출산이 임박한 상황에서 복순은 서울대공원에서 제주로 먼

2015년 7월 6일 마침내 제주 바다로 돌아간 남방큰돌고래 태산이와 복순이를 축하하는 핫핑크 돌핀스.

거리를 다시 이동해야 했다. 함덕 앞바다에 마련된 가두리로 옮겨져 야생적응 훈련을 받기로 한 것이다. 해양동물에게 장거리 육상 이동은 커다란 스트레스를 주기 마련이다. 결국 복순이는 가두리로 이송된 직후 사산을 하고 말았다. 누구도 임신 사실을 몰랐던 것이다. 알았다면 출산에 큰 무리가 가는 장거리 이송을 미뤘을 텐데, 복순이는 퍼시픽랜드 수조에서 한 번, 함덕 가두리에서 한 번, 모두 두 차례나 새끼를 잃었다. 복순이에게 진심으로 미안했다. 인간은 그에게 감금과 우울증 그리고 사산이라는 삼중고를 주었다.

그럼에도 복순이는 가두리로 옮겨져 야생적응을 시작하자마자 놀라운 변화를 나타냈다. 더 이상 구석에 잠자코 있던 우울한 수족관 돌고래가 아니었다. 제주 바다의 냄새와 바람과 햇볕과 파도를 온몸으로 느끼니까 이내 활기를 되찾은 듯 보였다. 수족관에서는 볼 수 없던 바닷새들도 가두리 주변을 날아다녔고 바다는 온갖 생물이 내는 익숙한 소리로 가득 차 있었다. 복순이는 두 달이 지나자 완벽한 야생 돌고래의 모습을 보였다.

복순이는 돌고래 공연장으로 보내지기 전에는 우울증이 없었다. 부리가 약간 휘었지만 동료 돌고래들과 함께 활발하게 헤엄치며 야생에서 사냥하는 모습이 2005년 6월 방영된 KBS 환경스페셜『마을로 온 고래』편에 보인 적이 있다. 제주 김녕과 성산 앞바다에서 휘어진 부리로도 제주 남방큰돌고래 무리와 어울려 잘 지내고 있던 모습이 텔레비전에 나왔지만 당시엔 이 돌고래를 주목하는 사람은 없었다. 복순이는 돌고래 가운데 하나였을 뿐, 개체별로 아무런 연구도 진행되지 않았기 때문에 누구인지 알 수가 없었을 것이다. 이 프로그램을 제작하며 복순이가 야생에 있을 때 모습을 촬영한 이광록 프로듀서는 특이한 부리를 가진 돌고래가 무리와 어울려 별 문제없이 먹이 활동을 하는 모습이 기억에 남았다고 했다. 시간이 10년이 흘러 2015년 복순이를 야생방류하기로 했는데 다시 2005년 필름 촬영분을 확인해보니 그것이 복순이였다. 이광록 프로듀서는 복순이가 야생으로 돌아가도 잘 살 것이라고 확신했다. 그리고 그의 예상은 들어맞았다.

2019년 4월 7일에 제주 바다에서 발견된 복순이.

무리 생활을 하는 돌고래들은 집단에 장애가 있는 돌고래가 있으면 같이 도와 사냥을 하고, 새끼가 태어나면 공동육아를 하며 책임을 분담한다. 동료 돌고래들의 환영과 도움으로 복순은 야생방류 이후에도 제주 일대에서 건강하게 지내는 모습이 지속적으로 목격되었으며, 이번에 새끼를 낳아 기르는 모습까지 확인됨으로써 쇼 돌고래 야생방류에서 또 하나의 성공 사례로 기록되었다. 공연을 하던 돌고래가 야생으로 돌아가 출산한 것이 확인된 경우는 세계에서 유례가 없는데, 한국에서는 세 번이나 이뤄졌다.

수족관 돌고래 시설에서 복순이가 앓던 우울증을 치료한 것은 바다였다. 핫핑크돌핀스는 2019년 4월 7일 제주 대정읍 신도리 앞바다에서 자연방류 이후 동료 돌고래들과 어울려 재빨리 헤엄을 치고, 활발하게 먹이 활동을 하면서 건강하게 지내는 복순이의 선명한 얼굴을 확인했다. 복순이와 새끼 돌고래 그리고 동료

들은 거친 물살을 가르며 힘차게 헤엄을 치고 있었다. 촬영을 하며 조그만 카메라 뷰파인더 안에서 익숙한 모습의 휘어진 부리가 어슴푸레하게 스치고 지나갔다. 사진을 확대해보니 복순이가 맞았다. 정말 가슴이 벅찬 순간이었다. 시민단체 활동을 하며 이렇게 뿌듯했던 순간도 많지 않을 것이다. 건강하게 잘 지내고 있는 복순이에게 고마워졌다. 다른 수족관 돌고래들도 전시와 공연의 굴레에서 벗어나 한시라도 빨리 복순이처럼 자유를 누리게 해야겠다고 다짐했다.

제돌이 얼굴에 생긴 스크래치는 **무슨 뜻일까**

2019년 5월 2일 핫핑크돌핀스는 제주 대정읍 앞바다에서 익숙해 보이는 돌고래 한 마리를 보고 촬영했다. 이 돌고래는 누구일까? 얼굴이 어딘지 낯익어 보인다고? 등지느러미를 자세히 보면 알 수 있다. 그렇다. 바로 제돌이! 오랜만에 만나는 모습이 무척 반갑다. 등지느러미 1번 표식이 선명하게 찍혀 있다. 그런데 제돌이 얼굴 부분에 스크래치가 좀 생긴 걸 확인할 수 있다.

돌고래들은 원래 서로 깨물기도 하고 이빨로 긁기도 한다. 돌고래들의 피부에 생긴 스크래치나 상처는 같은 무리 안에서 서로 장난을 주고받거나 교류 또는 다툼을 한다는 것을 뜻한다. 사회생활을 하는 돌고래들은 상호작용을 하는데, 때로는 장난이 다툼으로 발전하기도 한다. 아직 위계 관계가 형성되어 있지 않을 때

2019년 5월 2일에 제주 바다에서 발견된 제돌이 얼굴에 스크래치가 있다.

돌고래들은 다툼을 벌여 서열을 정하는데, 이때 등지느러미에 상처가 생기거나 심할 경우 살점이 뜯겨나가기도 한다.

제돌이 얼굴 근처에 생긴 스크래치는 돌고래들의 상호작용에서 생긴 이빨 자국이다. 상처가 생겼다고 그리 걱정하지 않아도 된다. 돌고래의 회복력은 놀랍기 때문에 스크래치는 시간이 좀 지나면 금세 사라진다. 몸에 난 스크래치 문양만으로는 개체를 식별할 수 없는 이유다. 이에 비해 등지느러미는 돌고래들이 헤엄칠 때 대부분 수면 위로 드러나며, 등지느러미가 뜯겨 나가거나 찢긴 상처는 원래대로 회복되지 않는다. 그래서 연구자들은 돌고래들의 개체 식별을 위해 등지느러미의 생김새를 확인하는 것이다.

제돌이 역시 방류 당시인 2013년에 비해 6년이 흐른 후 동료 무리와의 상호작용에서 생긴 상처 때문에 등지느러미의 모양이 약간 달라 보인다. 하지만 동결표식 숫자 1번은 그대로 있어서 제돌이라고 드러내준다. 무엇을 갖고 다툼을 벌이다 얼굴에까지 스크래치가 생겼는지는 확인할 수 없지만, 제돌이가 매우 활발히 동료 남방큰돌고래들과 교류하고 있다는 것은 분명하다. 그리고 제돌이의 건강 상태가 좋다는 것을 뜻하기도 한다. 오늘은 춘삼이도 같은 무리에서 헤엄치고 있다.

수족관에서 쇼를 하다가 다시 고향 제주 바다로 돌아온 남방큰돌고래들이 오늘도 건강하게 살아가고 있다. 반갑다, 제돌아!

서울시 마지막 돌고래 태지의 **기구한 운명**

한국 수족관에는 큰돌고래와 흰고래 등을 합해 고래류가 38마리 사육되고 있다. 모두 이름도 있고, 기구한 사연도 제각각이지만 그중에서도 가장 가슴 아픈 사연을 지닌 돌고래를 뽑자면 태지가 아닐까. 태지는 2008년에 일본 다이지에서 반입된 이후 2017년 6월까지 서울대공원에서 사육되어온 수컷 큰돌고래다. 반입 당시 나이는 6세 정도로 추정되었고, 지금 나이는 20세 가까이 되었으니 사람 나이로 치자면 중년에 해당할 것이다. 활발하게 바다를 헤엄치며 돌아다녔을 태지가 지금은 제주 퍼시픽랜드에 갇혀서 쇼에 동원되고 있다.

서울대공원에서 태지와 같이 마지막까지 남아 돌고래 쇼를 하던 남방큰돌고래 금등과 대포는 야생방류 결정이 내려져 2017년

서울대공원에서 사육 중이던 큰돌고래 태지의 모습. 불빛 때문에 실제보다 붉게 보인다.

7월 제주도 함덕 앞바다에 방류되었다. 수조에 혼자 남게 되자 태지는 극심한 스트레스를 받아 이상행동을 했다. 숨을 거칠게 몰아쉰다든가, 콘크리트 바닥 위로 올라온다든가, 분기공이 메말라버리는 등 온전한 건강 상태를 가진 돌고래라고 보기 힘든 모습을 보여주었다. 10년 정도 같이 지내온 동료들과 강제로 헤어진 아픔, 그리고 넓은 바다로 돌아가지 못하고 혼자 낡은 수조에 버려진 아픔이 그대로 묻어나왔다. 그 모습을 지켜본 이들은 모두 마음이 무척 아팠고, 무엇이 태지를 위해 가장 좋은 결정일까 끊임없이 고민했다. 핫핑크돌핀스는 무엇보다 태지를 바다로 돌려보내주고 싶었다.

하지만 태지는 일본 다이지 마을에서 수입되어온 큰돌고래다. 일본은 정부가 돌고래 학살과 포획을 용인하고, 방조 및 장려를 하고 있다. 2015년 가을 핫핑크돌핀스가 그곳에 갔더니 일본 경찰들이 24시간 감시하며 우리의 돌고래 보호 활동을 막아서기도 했다. 태지가 잡혀온 고향 다이지 앞바다는 지금도 돌고래 피로 물들어 있고, 일본 정부는 돌고래 학살을 매년 계속하고 있다. 그래서 태지를 원 서식처인 일본 바다로 돌려보내는 것을 선택할 수는 없었다.

그렇다면 큰돌고래의 서식 범위 안에 드는 동해나 남해 바다 또는 제주 먼바다로 방류하는 것은 어떨까? 이 경우 가장 큰 문제는 태지를 야생 방류해도 같이 돌아갈 돌고래가 곁에 없다는 것이다. 10년간 수조에서 사육해온 돌고래를 원래 살던 곳도 아닌 매우 낯선 곳에, 그것도 방류 후 다른 큰돌고래를 만날 가능성이 그리 높지 않은 곳에 사회적 동물인 돌고래를 혼자 방류한다면 너무 무책임한 행동이 아닌가. 그것은 방류가 아니라 그냥 바다에 버리는 '방기'가 아닐까. 종이 다른 큰돌고래 태지를 제주 인근 바다에 방류하는 것은 개체수가 겨우 120여 마리 정도인 남방큰돌고래들의 생존에 자칫하면 혼선을 일으킬 수 있어서 이 역시 대안이 되지 못했다.

호주처럼 남방큰돌고래와 큰돌고래가 원래 서식지에서 섞여서 살아가는 경우가 있긴 하지만, 제주도의 경우는 이와 다르다. 남방큰돌고래만으로 이뤄진 사회에 인간이 인위적으로 다른 종을 투입하면 생태계 교란을 불러올 수도 있다. 큰돌고래 수컷은 거의 죽기 직전까지 생식 활동이 가능하다고 알려져 있다. 그래서 태지를 제주 바다에 방류하면 몸집이 남방큰돌고래에 비해 약간 더 큰 큰돌고래 태지가 다른 수컷 남방큰돌고래들을 제치고 암컷 남방큰돌고래 사이에서 혼종 새끼를 출산할 가능성도 배제할 수 없었다. 그리고 해양포유류 전문가인 나오미 로즈 박사에게 직접 문의하니 큰돌고래와 남방큰돌고래 사이에서 태어난 혼종 돌고래에게도 생식 능력이 관찰되었다는 것이다. 더더욱 태지를 제주 연안에 방류할 수는 없게 되었다.

제주 남방큰돌고래는 세계에서 가장 개체수가 적은 집단이기 때문에 외부 종이 혼입되었을 경우 교란의 정도가 더 클 것이라는 점도 우려스러웠다. 결국 혼자 수조에 남겨둘 수도 없고, 그렇다고 혼자 바다에 방류할 수도 없는 상황에서 태지를 위한 최선의 선택지는 남아 있지 않았다. 나쁜 선택지들만 있는 상황에서 최악이 아닌 차악을 선택할 수밖에 없었다.

이런 딜레마 속에서 태지를 서울대공원 수조에 혼자 남겨두는 것보다 일단 임시로 다른 돌고래들과 지낼 수 있도록 다른 곳으로 이송한 뒤, 앞으로 바다와 같은 환경에서 돌고래가 편안히 살아갈 수 있는 바다쉼터를 만드는 것이 그나마 앞으로 추구해야 할 해결책이라고 생각하게 되었다. 애초에 이 문제는 태지의 의지와는 상관없이 사람들이 그를 바다에서 잡아와서 머나먼 곳으로 강제로 보내버렸기 때문에 생겨난 일이다.

2017년 6월 20일 태지는 서울대공원에서 퍼시픽랜드로 이송되었다.

이런 연유로 서울대공원과 제주 퍼시픽랜드 사이에 위탁 사육 계약이 맺어졌고, 2017년 6월 20일 제주도로 태지가 이송되었다. 이곳에서 다행히 태지는 격렬한 돌고래 쇼 동작을 하지 않고 지내며 차츰 건강을 회복하는 것처럼 보였다. 그런데 문제가 불거지기 시작했다. 퍼시픽랜드를 새로 인수한 호반건설에서 낡은 시설을 리모델링하기로 결정한 것이다. 2017년 11월부터 태지를 비롯해 모두 다섯 마리의 돌고래를 사육 중인 수조 주변에서 공사가 시작되었다. 핫핑크돌핀스의 현장 모니터링 결과 공사는 엄청난 소음과 분진과 진동을 발생시켰고, 수조의 물도 오염시켰지만 돌고래들은 제대로 된 보호 조치를 받지 못했다. 공사 현장에 그대로 방치된 것이다. 결국 서울대공원 수의사도 현장에 내려가 돌고래

2017년 10월 11일 기자회견에서 핫핑크돌핀스 회원들이 태지의 바다쉼터 이송을 촉구했다.

들의 상태를 확인했고, 해양수산부와 환경부 그리고 제주도 공무원들이 현장 점검에 나섰다.

리모델링 후 재개장한 퍼시픽랜드에서 태지는 다른 돌고래들과 함께 쇼를 하고, 쇼가 끝난 후에는 많은 관람객과 일일이 지느러미 만지기를 하면서 사진을 찍는 노동에 동원되고 있었다. 이것이 과연 태지를 위해 그렇게 많은 사람들이 애쓴 결과인가. 씁쓸하고 마음이 너무 아팠다. 기구한 사연의 주인공 태지를 우리 인간이 앞으로 대하는가는 제돌이 야생방류에서 비롯되어 지금까지 수족관 돌고래 총 일곱 마리의 방류로 이어지고 있는 한국의 동물복지 흐름에서 가장 중요한 다음 단계가 될 것이다.

결국 위탁 사육 계약 종료를 몇 달 남겨두고 시민단체들과 각계 전문가들이 모여 태지의 미래에 대한 방향을 재검토하는 논의 테이블이 구성되었다. 몇 달에 걸친 논의 끝에 태지를 위해 추후 돌고래 바다쉼터 마련 또는 야생방류 등 사회적 대타협이 이뤄지면 서울시와 퍼시픽랜드가 이를 수용하기로 했다. 수족관 돌고래를 바다와 같은 환경으로 내보낼 수 있는 최소한의 근거가 마련된 것이다. 이제 태지의 소유권은 퍼시픽랜드로 넘어갔고, 태지는 '데니'라는 낯선 이름으로 여전히 돌고래 공연장에 모습을 드러내고 있다. 하지만 태지가 지금처럼 하염없이 돌고래 공연장에 갇혀서 인위적인 동작을 반복하며 냉동 생선을 받아먹다가 죽게 할 것이 아니라면 앞으로 돌고래 바다쉼터나 야생방류 등 사회적 합의를 꼭 이뤄내야 할 것이다.

현재 핫핑크돌핀스는 한국 해역 적당한 곳에 돌고래 바다쉼터를 만들어 추후 다른 돌고래들과 함께 이곳에서 지낼 수 있도록 하는 방안을 추진하고 있다. 몇 군데 후보지를 답사하여 정부에 제안서를 제출하기도 했다. 영국, 캐나다, 미국, 이탈리아 등 해외에서도 수족관 사육 고래류의 복지를 위해 바다쉼터 만들기가 활발히 진행되고 있다. '돌고래는 바다에서 살아야 한다'는 21세기 한국에서 동물복지를 가늠하는 중요한 화두가 되었다. 태지를 바다와 같은 환경으로 돌려보낼 수 있다면 기후변화로 전례 없는 생태계 위기에 처한 지구에서 공존과 생명의 메시지를 가장 분명하게 알리는 좋은 계기가 될 것이다.

큰돌고래 태지 기증에 따른 해양환경단체 핫핑크돌핀스 입장문

'서울시의 마지막 돌고래' 태지의 공식적인 관리권이 퍼시픽랜드로 이양되었다. 태지는 일본의 돌고래 학살지 다이지 마을에서 포획되어 서울대공원 돌고래 쇼장으로 수입된 큰돌고래로서, 태지에 대한 처우는 공공기관이 해외 수입 쇼 돌고래를 어떻게 대하느냐에 대한 선례를 만든다는 점에서 상징적 중요성을 갖는다. 서울시는 제주 바다에서 불법으로 포획되어 반입된 남방큰돌고래들은 모두 자연방류했지만, 해외에서 수입한 큰돌고래에 대해서는 다른 시설에 위탁 사육을 맡기며 기증했기 때문이다.

핫핑크돌핀스는 태지가 기증된 2017년 6월 이후 서울시와 퍼시픽랜드 사이에 맺은 위탁 사육 계약의 공개를 위해 노력해왔다. 핫핑크돌핀스는 2017년 7월 서울시가 태지를 퍼시픽랜드에 기증하겠다는 내용의 문서를 발견하고 정보공개청구를 했으나, 서울시는 '민간기업과의 계약 내용'이라는 이유로 비공개 결정을 내렸다. 핫핑크돌핀스는 이후 여러 시민단체들과 함께 서울대공원 관계자와의 면담과 성명서 발표, 기자회견 등을 진행하고 태지의 기증 계약 내용을 공개할 것과 서울시의 책임 있는 대책 마련을 촉구해왔다.

핫핑크돌핀스는 2017년 11월 퍼시픽랜드가 수조 전체 구조변경 공사를 하면서 태지를 비롯한 돌고래들을 먼지가 날리고 커다란 소음이 들려오는 공사장 수조에 그대로 방치해둔 실태를 적발하고 관계 기관이 단속에 나설 것을 촉구했다. 계속해서 핫핑크돌핀스는 2018년 1월 태지가 퍼시픽랜드에서 다른 돌고래들과 함께 돌고래 쇼에 동원하고 있는 사실을 적발하고 쇼에서 배제시킬 것을 촉구했다. 또한 돌고래바다쉼터추진시민위원회 소속 단체들과 함께 퍼시픽랜드를 인수한 당시 호반건설 측에 돌고래 쇼의 중단과 사업전환을 요구하기도 했다.

핫핑크돌핀스가 태지에 대한 본질적인 대안 마련과 함께 개체의 복지에도 신경을 썼던 이유는 태지가 가진 상징적 중요성 때문이다. 태지는 2013년에 성공적으로 고향 제주 바다로 야생방류된 제돌이 이후 다시 한 번 사회적 관심이 집중된 돌고래였으며, 태지에 대한 처우는 한국 시설의 다른 사육 돌고래들에게도 미치는 반향이 클 것이다.

시민사회의 줄기찬 요구를 받아들인 서울시는 지난 몇 달간 태지의 대책 마련을 위해 시민사회단체 및 각계 전문가 및 해외 인사들을 초청하여 다섯 차례 토론회와 현장 답사를 진행했다. 몇몇 언론에 보도된 것과는 달리, 몇 차례의 토론 과정에서 태지를 퍼시픽랜드에 그대로 두는 것이 최선이라는 결론이 도출된 적이 없다. 그리고 태지가 이대로 퍼시픽랜드 수조에서 여생을 보내다 폐사하도록 내버려두지도 않을 것이다. 현재 당장 태지를 다른 곳으로 옮길 수 있는 방안이 없고, 해양수산부가 돌고래 바다쉼터 안을 당장은 받아들이지 않기로 했기 때문에 사회적 대타협에 의한 대안이 마련될 때까지 어쩔 수 없이 그대로 퍼시픽랜드에 둘 수밖에 없음을 받아들인 것이다. 그리고 토론 과정을 통해 서울시는 태지를 그냥 아무런 조건 없이 퍼시픽랜드에 영구 기증하여 태지가 삶을 좁은 수조에서 마감하도록 내버려두는 것이 아니라 시민사회의 요구를 받아들였고, 이에 따라 몇 가지 보완장치가 마련되었다는 것이 합의된 결론이다.

그 합의된 결론에 따르면 좁은 수조에서 지내고 있는 태지를 위해 추후 돌고래 바다쉼터 마련 또는 야생방류 등 사회적 대타협이 이뤄지면 서울시와 퍼시픽랜드가 이를 수용하기로 했다. 또한 서울시는 이런 사회적 대타협을 이루기 위해 시민단체, 정부 및 관계기관이 참여하는 사회적 협의체를 구성하여 운영하도록 했다. 사회적 대타협이 이뤄지기 전까지 퍼시픽랜드 수조에서 지내야 하는 태지를 위해 동물복지에도 신경을 썼다. 태지를 수중공연과 사진 찍기에서 배제하기로 했으며, 수의전문가들과의 논의를 통해 태지가 번식에 참여하지 않도록 한 것이다.

시민단체와 서울시가 토론을 통해 대책을 마련하려고 노력하는 동안 사육시설의 고래류를 제대로 관리하고 대책을 마련해야 할 중앙정부 부서인 해양수산부는 무대책으로 일관했다. 핫핑크돌핀스가 나서서 돌고래 바다쉼터 후보지를 몇 군데 선정해 수차례 답사하고 자료조사를 하여 돌고래 바다쉼터 후보지 제안서를 해양수산부와 각계 전문가들에게 제출했는데도 정부 차원에서 공식적인 현장 조사도 벌이지 않은 채 이를 묵살했다. 돌고래 폐사가 이어지던 2017년 시민단체들이 전수조사를 통해 동물학대의 정황을 고발했음에도 정부는 지금까지 무슨 조치를 취했는가?

이에 반해 이탈리아 정부는 돌고래 수족관 허가 기준과 시설 기준을 충족시키지 못했고, 돌고래 학대 사실이 드러난 리미니Rimini 돌고래 공연장을 폐쇄하도록 2015년 1월 행정명령을 내리기도 했다. 이후 이탈리아 정부는 시민단체와 함께 돌고래 바다쉼터 조성에 나서고 있다. 영국, 미국, 캐나다에서도 돌고래 바다쉼터 조성이 현실화하고 있다.

그러나 돌고래 복지 선진국이었던 한국은 오히려 후퇴하고 있는 모습이다. 해양수산부는 해양동물 구조 치료 업무를 사설 수족관에게 맡긴 채 책임을 방기하고 있다. 핫핑크돌핀스는 해양수산부가 국립 해양동물 보호센터 설립을 통해 보다 책임 있는 자세를 취할 것을 촉구한다.

한편, 해양포유류 전문가이자 국제포경위원회 과학위원인 나오미 로즈 박사는 핫핑크돌핀스의 제안에 따라 서울대공원 관계자 및 시민사회단체와 함께 지난 4월 9일 제주도 성산읍 오조리 내수면 일대 돌고래 바다쉼터 후보지에 대한 현장답사를 진행했다. 이날 이뤄진 현장 조사에서 나오미 로즈 박사는 오조리 일대 내수면 지역이 수심이 얕은 단점이 있지만, 준설 등을 통해 수심을 깊게 할 경우 돌고래 바다쉼터로서의 가능성이 있다고 확인했다. 게다가 한국은 일반적으로 태풍의 영향을 받기 때문에 돌고래 바다쉼터를 마련하기에 좋은 조건은 아니라고 말한 것도 사실이지만 서해안과 남해안의 복잡한 리

아스식 해안선 지형을 적절히 활용한다면 태풍의 영향에서 자유롭고 바다쉼터를 만들기 적절한 곳이 있을 수 있다는 것도 분명히 인정했다. 나오미 로즈 박사는 한국의 모든 해안선을 답사한 입장이 아니므로 한국 해안에 바다쉼터 조성이 가능하거나 불가능하다고 단언하여 말하기가 불가능하다고 했다. 그러므로 돌고래 바다쉼터 조성을 위한 적절한 후보지 찾기는 이제 우리에게 주어진 과제라고 할 수 있다.

핫핑크돌핀스는 서울시가 퍼시픽랜드에 태지를 기증하고 손을 떼려고 했던 기존의 모습을 버리고, 협약서에서 약속한 것처럼 해양수산부와 함께 사회적 협의체의 원활한 운영을 통해 사회적 대타협 마련에 적극 나설 것을 다시 한 번 당부한다.

그리고 호반호텔앤리조트는 자회사 퍼시픽랜드가 과거 20여 년간 제주 바다에서 국제보호종 돌고래를 불법포획해 공연장에 넘기며 이익만 추구해오다가 법원으로부터 처벌을 받은 사실을 철저히 반성해야 한다. 핫핑크돌핀스는 호반호텔앤리조트가 돌고래를 수조에 가두고 오락거리로 삼는 등 동물의 고통을 철저히 외면한 채 돈벌이와 말초적 오락만을 좇아온 관행을 중단하고, 사양산업으로 전락한 돌고래 공연장을 영구 폐쇄할 것을 요구한다.

일곱 마리의 남방큰돌고래 제주 바다 방류와 태지에 대한 대책 마련 과정을 통해 돌고래를 노예처럼 착취해온 인간 중심의 사고방식이 근본적으로 변화하고 있다. 우리는 과거로 회귀할 수 없다. 이제 태지가 비좁은 돌고래 공연장의 수조에서 하루속히 탈출해 바다와 같은 넓은 환경에서 돌고래 본성에 맞는 삶을 살 수 있도록 만들어줄 책임이 우리 모두에게 있다.

핫핑크돌핀스는 앞으로도 한국 시설에 갇혀 있는 38마리 고래류를 모두 해방시키기 위해 관련된 모든 이들과 굳게 손잡고 돌고래 바다쉼터 마련과 야생방류 등을 위해 노력할 것이다.

2019년 4월 15일

핫핑크돌핀스

수족관에서 태어난 돌고래
고장수의 미래는?

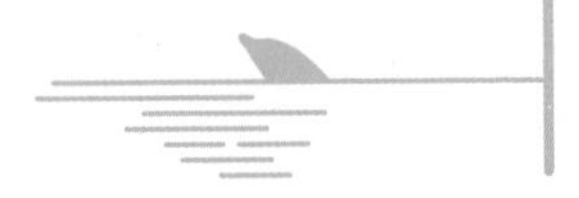

2017년 6월 13일 울산 장생포 고래생태체험관에서 새끼 큰돌고래가 태어났다. 새끼 큰돌고래 '고장수'는 2019년 6월 두 살이 되었다. 엄마 큰돌고래 장꽃분의 출산은 이번이 세 번째였다. 두 번의 수족관 돌고래 출산이 모두 아기 돌고래의 폐사로 끝났기에 삼진아웃을 염려한 울산 남구는 고장수에게 무척 공을 들였다. 이름도 아예 고래에서 성을 따오고, 죽지 말고 오래 살라는 의미에서 고장수로 지은 것이다. 일본 다이지 마을에서 돌고래 출산 전문가와 수의사까지 초빙해 새끼 돌고래 사육에 관한 노하우를 전수받았고, 혹시 있었을지 모를 실수를 반복하지 않기 위해 출산 후 2년간 대중에 엄마와 아기를 공개하지 않고 비공개 격리 수조에서 지극정성으로 보살폈다.

지난 두 번의 돌고래 출산에서 울산 수족관 측은 새끼 돌고래가 태어나자마자 언론에 공개하고 축하파티를 여는 등 호들갑을 떨었으며, 섣불리 대중에 공개함으로써 모자가 조용히 안정을 취하지 못하게 했다. 수조 안 돌고래들을 그저 신기한 볼거리로 여겼기 때문이다. 지극히 인간 중심적인 시각이 치명적인 결과로 이어진 셈이다. 고장수는 다행히도 생후 2년간 살아남았다.

전 세계에서 수족관 출생 돌고래가 1년 이상 살아남을 확률은 50퍼센트 미만이고, 한국의 경우에는 수족관 출생 돌고래의 생존율 자체가 미미한 상황에서 고장수는 2018년 6월 13일 첫 번째 생일을 맞이했는데, 사람들의 이목이 집중되기에 충분했다. 바로 그날 열린 지방선거가 고장수의 운명을 바꿔놓을 수도 있었기 때문이다. 그리고 개표 결과 공공기관으로는 유일하게 돌고래 사육과 전시를 이어온 울산광역시에서 수족관 돌고래의 자연방류를 약속한 후보가 시장으로 당선되었다.

앞으로 고장수의 미래는 어떻게 될까?

야생에서 태어났다가 수족관에 잡혀온 돌고래의 자연방류는 물론 당연히 추진되어야 한다. 그렇다면 수족관에서 태어난 돌고래도 야생으로 보내야 할까? 한 번도 넓은 바다를 보지 못한 채 수조라는 인공적인 환경이 자신이 아는 세상의 전부인 아기 돌고래에게 태풍이 불어오는 바다는 너무 가혹하지 않을까? 일정한 수온이 유지되고, 안정적인 먹이가 공급되며, 의료진의 도움을 받

울산 장생포 고래생태체험관에서 태어난 새끼 큰돌고래 고장수. © 울산남구청

을 수 있고, 항상 살균 상태가 유지되는 수조가 수족관 출생 돌고래에게 더 나은 환경이 아닐까? 더 익숙한 환경을 놔두고 바다로 내보내면 과연 이들이 잘 적응할 수 있을까?

이런 의문은 이미 여러 나라에서 제기된 바 있다. 현재 유럽에서 동물원 및 수족관과 관련되어 뜨거운 논쟁 가운데 하나는 '수족관 돌고래의 출산'을 두고 벌어지고 있다. 프랑스에서는 환경부 장관이 2017년 5월 큰돌고래와 범고래 등 수족관 고래류 출산과 인공번식을 금지하는 행정명령을 발효했다. 수조의 규격과 사육 조건도 엄격해졌다. 프랑스에서 이를 따르지 못하는 돌고래 수족관은 곧 폐쇄될 수도 있다는 기대감이 퍼져나갔다. 이 소식은 한국에도 널리 알려졌다. 동물이 제대로 살아갈 수 있는 환경이 마련되어 있지 않은 상황에서 수족관 번식을 허용하는 것 자체가 동물복지에 어긋난다는 것이 당시 프랑스 사회당 올랑드 정부의 판단이었다.

그런데 업체들이 반발하고 나섰다. 유럽에서는 최대 규모의 고래류 공연장으로 알려진 프랑스 남부의 마린랜드를 비롯해 파리 근교의 아스테릭스 수족관, 프랑스 서부에 있는 와일드 플래닛 등이 힘을 모아 즉각 제소했다. 그리고 프랑스 최고행정법원은 2018년 1월 이 행정명령에 대한 기각 판결을 내리고 말았다. 정부의 과도한 규제가 영업을 침해한다는 판단이었다. 돌고래 공연장들은 환영했고, 프랑스에서 수족관 고래류 번식은 재개되었다. 하지만 문제의식이 수그러든 것은 아니다.

미국에서는 2016년 대표적인 범고래 공연장 시월드에서 어쩔 수 없이 인공번식과 출산 중단을 내렸다. 사육 범고래에 의해 조련사가 몇 차례 사망했고, 이 사건의 전말이 충격적인 다큐멘터리 영화 『블랙피쉬』로 만들어져 미국 전역에서 개봉하고 뉴스채널 CNN을 통해서도 방영되자 고래 쇼 반대 여론이 거세진 것이다. 게다가 새끼 21마리를 출산케 했던 번식용 수컷 범고래 틸리쿰의 건강이 급격하게 악화되자 시월드는 번식을 중단시킬 수밖에 없었다. 1983년 아이슬란드에서 겨우 두 살 무렵 포획되어 시월드로 이송된 틸리쿰은 돌고래보다 크고 거대한 몸집으로 미국식 볼거리를 제공하며 33년간 범고래 쇼의 스타로 군림해왔다.

미국 최대 해양파크 시월드에서 공연 중인 범고래 틸리쿰. © commons.wikimedia.org

틸리쿰은 인간의 즐거움과 이익을 위해 자유를 빼앗긴 채 강제노동을 해온 대표적 사례로 지목되었고, 2017년 1월 그의 사망 이후 미국도 서서히 고래 쇼의 단계적 종말을 예고하고 있다. 새로운 야생 범고래의 도입은 이미 법 개정으로 불가능해졌고, 수족관 번식도 중단되었으므로 향후 30년 정도 지나서 현재 수족관 사육 범고래들이 모두 사망하면 미국 수족관에서 범고래를 더 이상 볼 수 없게 될 것이기 때문이다. 물론 그전에 고래들이 바다에 마련된 보호시설로 옮겨질 수도 있다.

수족관에서 태어난 돌고래도 야생동물일까?

그렇게 대하는 것이 타당해 보인다. 수족관에서 출생했다고

고래쇼의 비윤리성을 세계에 폭로했던 범고래 틸리쿰의 죽음에 핫핑크돌핀스는 애도 성명을 냈다.

해도 야생성은 그대로 간직하고 있기 때문이다. 오랜 시간 야생에 적응해온 돌고래 유전자가 다음 세대에서 갑자기 사육 환경에 순응하는 식으로 변하지는 않는다. 동물원에서 태어난 호랑이도 포식자의 본능이 살아 있기에 우리는 야생동물처럼 대하며 주의를 기울인다. 지금은 수조에 살고 있는 장꽃분과 고장수가 바다로 돌아간다면 억눌렸던 야생 본능이 되살아날 것이다.

이런 예상이 과연 엉뚱한 기대일까? 수조에서 물 위에 둥둥 뜬 채 대부분의 시간을 무료하게 보내던 사육 돌고래들은 자연 적응 훈련을 위해 바다에 마련된 수조에 옮겨지자마자 대부분의 시간을 물속에 몸을 숨긴 채 등지느러미만 간간이 드러내는 행동을 취하기 시작했다. 바다와 같은 환경으로 옮겨놓았을 뿐인데, 마치 야생 돌고래처럼 행동하면서 사육 환경 따위는 금세 잊어버린 모습을 보인 것이다. 수조에서 20년간 사육된 남방큰돌고래 금등이와 대포도 자연방류 적응 훈련을 위한 바다 가두리로 옮겨지자 야생 본능을 회복한 행동양태를 보였다. 20년간 억눌렸던 본능이 자연스레 풀려나 서서히 발현되는 과정이었다. 이를 통해 야생동물의 본성이란 매우 질기고 강력해서 인간이 쉽게 지워버릴 수도, 부정하거나 무시할 수도 없는 것임을 우리는 알게 되었다.

새끼 돌고래 고장수가 냉동 생선만 받아먹으며 일생을 좁은 수조에서 살게 하는 것보다 제철 바다가 생산한 다양한 물고기들을 마음껏 잡아먹으며 등을 쫙 펴고 헤엄치며 살 수 있게 만들어주는 것이 어떨까. 우리는 그저 야생성을 깨워주기만 하면 될 것이다. 수족관 출산 돌고래의 야생방류는 아직 시도되거나 성공한 적이 없지만, 야생에서 생활한 경험이 있는 돌고래들과 어울리도록 하면 그들에게 야생에서의 생존에 필요한 먹이 사냥 기술과 사회적 습성을 배울 수 있을 것이라고 전문가들은 말한다. 결과를 미리 예측할 수는 없지만 충분한 논의를 거쳐 시도해볼 만한 일임은 틀림없다.

울산 장생포 수족관 돌고래들이 함께 자연으로 방류되는 상상만으로도 정말 기쁘다. 넓은 동해가 기다리고 있으니 말이다.

북극곰 통키,
동물원 동물에게 은퇴를 허하라

20여 년간 에버랜드의 좁고 단조로운 우리에서 고통스러운 나날을 보내던 북극곰 통키가 마침내 좀더 안락한 노후를 위해 이주한다는 소식이 들려왔다. 인간으로 치자면 70살이 넘은 고령이 된 통키는 삶의 마감을 목전에 앞두고서 비로소 약간의 여유를 되찾을 수 있어 보였다. 이는 동물원과 수족관에서 전시 목적을 위해 사육되는 동물도 보다 나은 삶을 살 수 있도록 필요한 조치를 취해야 한다는 동물권 단체들의 오랜 주장과도 일치했다. 그러나 은퇴가 너무 늦었던 것일까? 한국에 마지막으로 남아 있던 북극곰인 통키는 영국의 요크셔 야생공원으로 이주를 약 한 달 앞둔 2018년 10월 17일 에버랜드에서 폐사하고 말았다. 통키를 좀더 일찍 옮겼더라면 어땠을까?

북극곰은 고래와 같은 해양포유류다. © Milan Boers, flickr

요크셔 야생공원의 북극곰 전용 거주구역 면적은 4만 평방미터 정도로, 축구장 다섯 개가 조금 넘는 규모다. 에버랜드의 좁은 사육시설과 비교할 수 없을 정도로 넓다. 이곳에는 북극곰 네 마리가 거주하고 있다. 야생 북극곰들은 매일 5킬로미터 이상 돌아다니며 바다사자나 고래 사체 등을 사냥해 먹기 때문에 이곳이 야생과 같은 환경을 조성해놓고 있다고 보기에는 무리가 있다. 다만 콘크리트 사육시설에 비해 깊은 호수 등을 갖추고 있으며, 전시가 목적인 일반 동물원과는 달리 북극곰의 거주를 목적으로 한 자연환경이 마련되어 있기에 현재 북극곰의 인공거주시설 중에서는 가장 괜찮은 곳이다.

통키의 이주는 전시동물의 은퇴를 위해 마련되었다는 점에서 의미가 있었다. 볼거리로 내몰린 동물들도 노후에는 조금 더 안락한 삶을 보장받을 수 있었기 때문이다. 현재 해외에서는 동물원과 수족관 사육동물의 은퇴를 준비하는 곳들이 늘어나고 있다. 항상 인간에게 보이기 위해서 만들어진 공간이 아니라 그저 휴식을 위해 만들어진 공간으로 동물들을 이주시키려는 노력이 벌어지는 것이다.

대표적으로 미국의 국립 볼티모어 수족관은 전시 중인 대서양큰돌고래 여덟 마리를 2021년까지 모두 플로리다주 키스제도에 마련된 바다쉼터로 옮기는 작업을 진행하고 있다. 좁은 수족관에서 살아왔던 돌고래들이 은퇴 후 자연으로 회귀해 편히 쉴 수 있도록 바다와 인접한 폐광산 또는 석호에 쉼터를 만들고자 관련 절차를 진행 중이다. 수족관 측은 150억 원의 예산을 마련해놓았다.

영국에서는 이미 벨루가들을 위한 바다쉼터를 건립하기 시작했다. 세계적인 수족관 대기업 멀린엔터테인먼트사가 영국의 고래와 돌고래 보호단체 WDC와 협력하여 아이슬란드 베스트만제도 앞바다에 바다쉼터를 마련하고 있다. 중국 상하이 수족관에서 사육하고 있는 리틀 그레이, 리틀 화이트 등 암컷 벨루가 두 마리가 바다쉼터로 이주하게 된다. 이곳은 영화 『프리윌리』의 주인공 범고래 케이코가 1998년부터 2002년까지 자연적응 훈련을 받고 야생으로 방류된 곳이어서 고래류 생태관광지로 가능성도 높다. 이외에도 캐나다 역시 수족관의 범고래들이 은퇴하면 바다 한쪽에 쉼터를 만들어 지낼 수 있게 하는 '웨일 생츄어리 프로젝트whale sanctuary project'를 진행 중이다.

북극곰은 고래류와 마찬가지로 해양포유류로 분류된다. 북극곰은 바다에 들어가 수영할 때는 바다사자와 마찬가지로 콧구멍을 닫은 채 잠수한다. 차가운 물속에서도 부력을 유지하며 체온을 유지해주는 두꺼운 지방층과 털을 갖고 있으며, 바다 수영에 적합하도록 진화한 앞발 덕분에 물속에서도 빠른 속도로 헤엄칠 수 있다. 곰이지만 북극의 바다와 얼음에 의존해 살아가며 주로 바다를 중심으로 먹이 활동을 하기 때문에 해양동물로 구분되는 것이다.

이 때문에 미국에서는 해양포유류보호법에 의거해 북극곰을 보호하고 있다. 지구온난화가 전 세계에 문제를 일으키며 기후 위기를 양산하고 있는데, 북극곰이야말로 지구온난화의 가장 큰 피해자다. 얼음 위에서 해양동물을 사냥하며 살아온 서식처 자체가 사라지고 있기 때문이다.

북극곰 통키가 죽기 전에 널찍한 야생공원으로 이주해 그곳에 잘 적응하는 모습을 보여주었다면 어땠을까. 통키가 지냈던 에버랜드는 1970년대 건립 당시에는 250톤 규모의 전용 풀을 갖춘 최신 시설이었다고 하지만 지금 우리 기준으로는 너무나 좁아 보

영국 이주가 결정된 통키가 한국에서의 마지막 여름을 보내고 있다. © 에버랜드

인다. 통키는 그곳에서 별로 행복하지 않았을 것이고, 특히 두꺼운 모피를 두른 북극곰에게 폭염이 기승을 부리는 한국 여름은 무척 고통스러웠을 것이다. 점점 아열대로 변하는 한국의 기후는 북극곰 사육에는 전혀 적합하지 않았다. 통키는 죽음으로써 이를 증명했다.

동물의 생태적 습성을 고려하지 않은 채 오로지 전시에만 초점을 맞춘 구시대적 동물원은 사육동물들에 정신적 스트레스와 정형행동을 유발한다. 그렇기에 이제 동물원은 전시만을 목적으로 하던 과거의 모습에서 탈피하여 종 보전과 동물복지 그리고 생태교육에 초점을 맞춘다고 홍보하고 있다. 인간의 볼거리를 위해 동물을 감금한다는 비판에 대응해야 했고, 사람들의 높아진 윤리 기준도 충족시켜야 하기 때문이다.

동물복지에 대해 높아진 사람들의 관심만큼 새로운 시대에 발맞춰 동물원과 수족관이 진정으로 변화하고자 한다면 '전시 부적합종'에 대해서는 야생으로 돌려보내거나 야생과 비슷한 조건의 보호구역으로 이주시키는 작업이 선행되어야 한다. 북극곰, 돌고래, 코끼리, 유인원 등이 그 대상이다. 비좁은 사육시설에서 전시한다는 것 자체가 이들에게는 학대이니 말이다. 더 늦기 전에 통키가 돌아가지 못한 곳으로 이들을 돌려보내야 한다.

바닷속 동물을 만나는 새로운 방법,
디지털 수족관

살아 있는 동물을 꼭 눈으로 봐야만 할까. 디지털 동물원, 가상 수족관이 점점 대세가 되고 있다. 실제로 살아 있는 동물을 우리나 수조에 가둬놓고 인간은 울타리 바깥쪽에서 자유롭게 움직이며 갇힌 동물을 보던 구시대적인 방식에 대한 윤리적 비판이 거세지고 있다. 간단히 말해 학대를 중단하자는 것이다.

그뿐만 아니라 최근 발달하고 있는 가상현실과 3D 그리고 입체영상 등의 기술을 활용한 시설이 기존 동물원만큼 충분한 전시와 교육 목적을 거둘 수 있고, 소프트웨어를 잘 활용할 경우 오히려 오락적 효과가 더욱 커진다는 사실이 속속 드러나고 있다. 살아 있는 고래류를 수조에 전시하는 것은 시대착오적이고, 반생태적이며, 별로 교육적이지도 않기 때문에 이에 대한 대안으로 바다

가상 수족관의 모습. © Landmark Entertainment Group

에서 고래를 만나는 생태관찰이나 가상 수족관이 떠오르고 있는 것이다.

육상동물에 비해 해양생물을 만나기 위해서는 몸이 물에 젖는 것을 피하기 힘들다는 단점이 있다. 최소한 배나 잠수함을 타고 내려가지 않는 이상 스노클링을 하거나 다이빙을 해야 제대로 해양생물을 만날 수 있는데, 이 때문에 물에 젖지 않고도 다양한 해양생물을 눈앞에서 만날 수 있는 가상 수족관은 더 큰 매력이 있다. 지구 표면의 70퍼센트를 차지하고 있지만 아직도 대부분이 미지의 영역으로 남아 있는 바다와 그곳에 살고 있는 다양한 생물을 최신 기술을 통해 직접 체험할 수 있다는 것은 분명 놀라운 경험이다.

사실 이런 주장은 몇 년 전부터 꾸준히 제기되었다. 2017년 3월 스페인 바르셀로나에서 살아 있는 동물을 가둬놓은 동물원을 가상 동물원으로 대체하자는 청원이 제기되었고 시장이 이를 검토하면서 이 아이디어는 널리 확산되기 시작했다. 청원을 제기한 동물보호 활동가들은 바르셀로나 동물원 우리에 갇힌 300종, 2,000마리 상당의 동물을 모두 가상현실 영상으로 대체하자고 제안한다. 이런 '디지털 동물원'이 불가능한 것은 아니다.

바르셀로나의 경우에는 돌고래들이 좁은 수조에서 스트레스를 받고 있다는 지적이 예전부터 제기되었다. 영국의 본프리Born Free 재단과 스페인의 동물보호협회 파다FAADA 활동가들은 2016년 초 바르셀로나 돌고래 수족관을 방문해 사육 중인 큰돌고래 여섯 마리의 상태를 모니터링했다. 그 결과 오래전 지어진 수족관 시설이 너무나 낡았고, 수조는 비좁아서 돌고래들이 부대끼며 지내고 있음이 드러났다. 바르셀로나 동물원 역시 돌고래 수족관의 이와 같은 상황을 알고 있었고, 이를 해결하기 위해서 새로운 수족관을 건립해야 한다고 시의회에 예산을 요청했다.

이에 대해 동물보호단체들은 새로운 수족관을 짓는다고 해서 돌고래들이 스트레스에서 벗어나지 않을 것이며, 바다에 넓은 공간인 쉼터를 만들어서 방류하는 것이 좋은 방법이라고 대안을 제시했다. 논란 끝에 현재 바르셀로나 돌고래 수족관 규격으로는 유럽연합이 정해놓은 최소 동물복지 규정을 맞출 수 없었기 때문에 결국 바르셀로나 시는 동물원 내 돌고래 수족관을 폐쇄하도록 하고, 남은 돌고래들은 다른 시설로 이동한다는 결정을 내리게 되었다. 그리고 2016년 12월 22일 바르셀로나 시의회가 새로운 돌고래 수족관을 건립하지 않기로 결정을 내리면서 스페인 역시 돌고래 쇼를 없앤 나라의 대열에 한 발짝 가까워지게 되었다.

그렇다면 가상현실로 만나는 돌고래는 실제처럼 감동적일까? 스페인의 동물보호 활동가들은 디지털 동물원이 젊은 입장객의 흥미를 더 잘 유발할 수 있다고 주장한다. 아이들은 디지털 감각이 발달해 있기 때문에 진짜 동물을 대체하기 위해 가상현실과 기술을 이용하는 것이 충분히 가능하다는 것이다. 가상현실로 만나는 고래와 돌고래는 실제 바다에서 만나는 것만큼 흥미롭고 감동적일 수 있을까?

핫핑크돌핀스가 직접 찾아가서 본 타이완 남부 국립해양생물박물관(해생관)에서는 이런 기술을 잘 활용하여 관람객들이 마치 깊은 수중 세계에 들어와 있는 것 같은 착각을 불러일으키는 '심해전시관'을 운영하고 있다. 가상현실의 경우 3차원 안경이나 VR 기기를 착용해야만 하는 불편함이 있기 마련인데, 해생관에서는 다른 기기를 착용하지 않아도 어두운 환경에서 대형 심해생물들이 눈앞에서 헤엄쳐 지나가는 모습을 실감나게 그리고 있다. 만타가오리가 휙 지나가는가 하면 생전 처음 본 커다란 심해 물고기가 몸을 관통하여 지나가기도 하여 저절로 탄성이 나오기도 했다. 다만 심해전시관은 오로지 시각적 효과만 사용하고 청각, 촉각, 후각 등은 사용하지 않아 분명한 한계도 있다.

이에 비해 일본에 문을 연 오비 요코하마는 더 다양한 가상현실 기술을 활용한 대자연 체감 뮤지엄이라고 내세운다. 혁신적인 엔터테인먼트와 영상 제작 능력을 융합시켜 대자연의 신비를 온몸으로 느끼면서 최고의 몰입 경험을 즐길 수 있는 새로운 형태의 뮤지엄이라고 선전하는가 하면 놀이기구의 기법을 이용하면서 온몸의 감각을 자극하고 압도적인 스케일로 지구와 생명의 매력을 체감하게 한다고 광고한다. 3차원 안경을 쓰고 동물들의 입체영상을 본다는 것인데, 아마도 동물원을 대체하는 충분한 효과가 있을 것으로 보인다.

2017년 3월부터 6월까지 미국 로스앤젤레스 자연사박물관에서는 바다 세계를 가상현실로 체험하는 체험전 '더 블루: 바닷속 VR 체험'이 열렸다. 여기에 다녀온 사람들은 눈앞에서 마치 진짜 대왕고래가 헤엄쳐 지나가는 듯해서 깜짝 놀랐다고 한다. 길이 30미터에 달하는 대왕고래가 바닷속을 유영하는 장관을 보면 정말 압도적일 듯하다. 기기를 착용하면 바로 눈앞에서 화려한 바닷속 세계가 헤드폰의 3D 사운드와 함께 6분짜리 가상현실로 펼쳐지는데, 산호초와 해파리, 손가락이 닿으면 움찔거리는 말미잘, 그리고 난파선 주위로 온갖 바닷물고기와 오징어들이 나타났다가

미국 로스엔젤레스 자연사박물관에서는 바닷속 세계를 가상현실로 체험하는 VR 체험전이 열리고 있다. © 로스앤젤레스자연사박물관

사라지는 가운데, 관람객들은 마치 직접 스쿠버다이빙을 하는 것처럼 바닷속 탐험을 할 수 있어서 놀라워한다. 이곳의 홍보 동영상을 보면, 이제 살아 있는 고래를 바다에서 잡아 와서 좁은 수족관에 가두는 고문을 가하지 않고도 생생한 해양생태 체험을 할 수 있음을 알게 된다.

마찬가지 전시가 미국 뉴욕 한복판에서도 열렸다. 내셔널 지오그래픽이 마련한 '인카운터: 오션 오디세이Encounter: ocean odyssey'가 그것이다. 관람객들은 한 시간가량 천천히 전시장을 걷기만 해도 태평양 심해 한복판에 들어서게 된다. 놀라운 기술로 세밀하게 구현된 혹등고래와 백상아리, 대왕오징어와 바다사자 등이 바로 앞에서 헤엄쳐 다니는 모습을 볼 수 있어서 많은 사람이 찾고 있다. 실제 이 전시를 본 사람들은 돌고래 수족관은 이제 가상 수족관으로 충분히 대체할 수 있다고 말한다.

한국에서도 비슷한 전시가 열렸다. '라이트 애니멀Light Animal' 개발자인 일본 출신의 과학 커뮤니케이터 가와이 하루요시 씨가 2017년 10월 국립광주과학관에서 사이언스 쇼를 연 것이다. 라이트 애니멀은 동물과 함께 사는 소중함을 전하기 위해 만들어진 디지털 동물 전시 시스템으로, 돌고래나 코끼리 같은 사회성이 강한 동물을 야생 무리에서 잡아와 부적합한 환경에서 사육하는 대신 가상으로 동물들을 만날 수 있도록 개발된 프로그램이라고 하루요시 씨는 핫핑크돌핀스에게 직접 보내온 메시지에서 밝혔다. 광주에서 열린 전시에 다녀온 핫핑크돌핀스 회원은 "실제 바다에서 헤엄치는 고래들의 역동성을 라이트 애니멀 전시가 따라갈 수는 없었지만 수족관 사육 돌고래를 가상 전시로 대체하려는 열의가 충분히 느껴졌다"라고 소감을 전했다. 또한 한국에서 열린 이번 전시가 과학기술적인 측면에서만 조명되었고, 수족관 돌고래들이 받는 스트레스와 이에 대한 대안으로 생명윤리와 동물복지 차원에서 접근하려는 노력이 부족해서 아쉬웠다고 피력했다.

가상 수족관은 앞으로도 더욱 많아질 것이며, 기술적 완성도 역시 높아질 것이다. 어느 시점에서는 더 이상 살아 있는 생물을 가두는 일도 중단될 수 있다. 동물전시와 오락 및 교육 기능은 가상 시설로 충분히 대체될 수 있을 것이며, 기존의 동물원과 수족관은 멸종위기종 보호와 연구기관으로 탈바꿈하게 될 것이다. 그와 동시에 우리는 해양생물의 서식처인 바다를 더 이상 파괴하지 않고 잘 보전하려는 노력을 기울여야 할 것이다.

바르셀로나 동물원 돌고래 쇼 동영상

미국 로스앤젤레스 자연사박물관에서 열린 가상 수족관 전시 내용과 동영상

미국 뉴욕에서 열리는 해양생태 전시, 인카운터: 오션 오디세이 홈페이지

2017년 여름 중국에서 열린 라이트 애니멀 전시 동영상

라이트 애니멀 홈페이지

수족관 고래들에게
바다쉼터가 필요하다

한국의 마지막 북극곰 통키가 야생공원으로 이송되지 못하고 비좁은 우리에서 한 많은 삶을 마감하고 말았다. 평생 남에게 보이기 위해 마련된 전시 공간의 단조로운 감금 생활에서 벗어나 보다 넓은 터전으로 옮겨져 약간이나마 여유로운 노후 생활을 즐기길 바랐던 소박한 꿈은 이뤄지지 못했다. 탈출 후 사살당한 퓨마와 동물원에서 죽어간 북극곰의 사례는 우리에게 근본적인 질문을 던진다. 동물원과 수족관이 무엇이냐고.

우리는 그 질문에 어떤 답을 할 수 있을까. 이제 할 수 있는 일은 북극곰과 마찬가지로 전시 부적합종으로 꾸준히 지적되어온 사육 돌고래들에 대해서 좀 더 윤리적인 대안을 마련해주는 것이다. 영국, 캐나다, 미국, 이탈리아 등 한국보다 먼저 돌고래 전시와

수족관 돌고래를 바다쉼터로!

공연을 시작한 나라들은 돌고래 쇼를 중단하거나 폐지하고 요즘 돌고래 바다쉼터 건립에 한창이다. 그와 동시에 바다에 고래류 해양보호구역도 확대하고 있다.

그렇다면 일곱 마리 돌고래 방류국인 한국도 시민들의 높아진 동물복지 요구와 세계적 흐름에 발맞춰 바다에 해양동물 보호구역 지정을 늘려야 하고 돌고래 바다쉼터 마련에도 나서야 하지 않을까? 현재 한국에서는 고래류 보호구역이 한 곳도 지정되어 있지 않다. 점박이물범의 서식지로 알려진 충남 가로림만 해역에 해양생물보호구역 1개소가 지정되어 있을 뿐이다. 돌고래 보호구역 지정이나 바다쉼터에 대해서는 시민들의 요구가 계속됨에도 아직 정부에서 건립 계획을 마련하지 않고 있다. 한국 정부가 고래류 보호 필요성을 그리 크게 느끼지 못하기 때문이다.

그 방향으로 먼저 걸어간 다른 나라들은 이제 고래류 바다쉼터를 구체적으로 추진하고 있다. 그 과정을 자세히 알아보자.

캐나다의 경우가 먼저 눈에 들어온다. 고래류의 수족관 사육을 금지하는 법안Bill S-203 Ending the Captivity of Whales and Dolphins Act이 2015년 12월 캐나다국회에 제출되었고, 보수적인 상원의원들의 격렬한 반발 때문에 약 3년간 법안 통과가 지연되다가 2018년 10월 23일 캐나다 국회 상원을 통과했다. 조만간 하원에서도 통과되어 시행될 예정이다. 이 법은 구조되어 치료가 필요한 경우나 수족관 사육 후 은퇴하여 바다쉼터 같은 곳에서 생활하는 경우를 제외하고는 모든 수족관 시설에서 고래와 돌고래의 사육을 금지하는 내용을 담고 있다. 고래류 사육 금지를 담은 내용에 대해 상원에서 격렬한 논쟁이 있었지만 몇 년간의 토론 과정에서 동물복지 추구와 동물권 증진이 캐나다가 추구해야 할 미래가치이며, 중요한 정책 방향이라는 데 국민 대부분이 동의하게 되었다.

캐나다에는 사육시설 두 군데에서 고래류를 전시하고 있다. 그중 널리 알려진 밴쿠버 수족관은 특히 논란의 한가운데 있었다. 이곳은 바다에서 구조된 낫돌고래와 쇠돌고래를 전시하며 쇼를 시키기도 해서 시민들의 반발이 일어났고, 2014년 4월 밴쿠버시 공원위원회는 시 조례 개정에 들어가 수족관에서 고래류의 전시를 금지하기 위한 논의를 시작했다. 밴쿠버 시민들의 높은 관심과 호응 그리고 수족관의 진실을 알리는 보이콧 캠페인이 지속적으로 이어졌다.

유럽 최대 규모를 자랑하는 프랑스의 고래 공연장 머린랜드. © 머린랜드

그러던 와중에 2016년 11월 밴쿠버 수족관의 흰고래 어미와 새끼가 원인 모를 이유로 며칠 사이를 두고 돌연 사망한 사건이 발생했다. 높아진 동물복지 의식에 따라 고래류 전시를 중단하라는 시민들의 요구에도 불구하고 수족관 번식 프로그램까지 진행시켜오다가 사달이 난 것이다. 벨루가 모녀의 폐사 소식에 따라 이곳은 벨루가 전시를 포기했고, 현재 낫돌고래 한 마리만이 남아 있는 상황이다.

범고래와 40마리가량의 벨루가를 전시해놓고 체험 프로그램을 운영하는 캐나다 머린랜드도 문제가 되었다. 나이아가라 폭포 인근에 자리 잡은 머린랜드는 세계 최대 규모의 벨루가 사육시설이어서 특히 이번 고래류 사육금지법 국회 통과에 민감한 반응을

캐나다가 만드는 은퇴한 수족관 고래들을 위한 바다쉼터의 상상도. © 웨일 생츄어리 프로젝트

보이고 있다. 기존 사육동물들에는 소급 적용이 되지 않아 머린랜드의 벨루가들이 당장 바다쉼터로 가지는 못하겠지만 수족관 내 고래류 번식을 금지하는 법안 내용 덕분에 벨루가들이 출산할 경우 업체는 약 2억 원의 벌금을 내야 한다.

이렇게 수족관 고래들이 풀려나고, 법안이 통과되어 이를 제도적으로 뒷받침할 수 있게 된 이유가 무엇일까. 그 배경에는 캐나다 시민사회와 해양동물 전문가들이 만든 '웨일 생츄어리 프로젝트'라는 비영리단체가 자리 잡고 있다. 이 프로젝트는 캐나다에 고래류 바다쉼터 건립을 목표로 한다. 육상동물의 경우 동물원의 삶을 마감하고 보다 편안히 생활할 수 있는 보호구역 또는 쉼터가 세계 각지에 마련되어 있지만 해양동물을 위한 바다쉼터는 아직 한 군데도 없는 실정이다. 그래서 야생에서 구조된 고래류 또는 나이 들어 공연장에서 더 이상 쇼를 할 수 없는 고래들이 캐나다 인근 바다 한 곳에 마련된 휴식 공간에서 여생을 보낼 수 있도록 하자는 프로젝트가 만들어진 것이다.

은퇴한 고래들이 바다에서 편안하게 살 수 있게 하자는 취지로 제안된 프로젝트에 의외로 다양한 사람들이 관심을 보였다. 건축학자, 수의사, 전직 조련사, 해양포유류 전공 학자, 홍보 및 모금 전문가 그리고 사회단체 활동가들이 모여서 열띤 토론을 벌였고, 이후 공개 워크숍을 열어 해상 가두리 설치를 통한 고래류 바다쉼터 건립 가능성에 대해 집중 토론을 벌였다. 이런 과정을 거쳐 제기된 아이디어와 제안들을 구체화해서 마침내 2016년 4월에 비영리단체로 공식 출범한 웨일 생츄어리 프로젝트는 연중 수온이 비교적 낮거나 고르게 유지되는 곳을 대상으로 후보지를 물색 중이다.

캐나다의 서부 해안인 브리티시컬럼비아 지역 또는 동부 해안 지역인 노바 스코샤섬이나 미 동북부 메인주 지역이 고래류 바다쉼터를 건립하기 위한 후보지로 올라 있다. 고래류 바다쉼터에서 장소 선정이 향후 가장 중요한 작업이 될 것이기에 전문가들과 긴밀하게 모임을 가지면서 조건을 검토하고 있는데, 이 프로젝트를 이끌고 있는 세계적인 해양포유류 학자 나오미 로즈 박사는 3~4년간 철저한 준비를 통해 바다쉼터를 출범시킨다는 계획을 발표했다. 프로젝트에는 매년 몇억 원이 소요될 테니 신중하게 접근하고 있다.

돌고래의 '거울 실험'으로 유명한 로리 마리노 교수가 웨일 생츄어리 프로젝트의 대표를 맡고 있다. 돌고래가 자아가 있다는 사실을 실험을 통해 증명한 마리노 교수는 돌고래의 뇌 분석 등을 통해 돌고래를 비인간 인격체로 지정하는 데 가장 큰 연구 성과를 보인 학자로 알려져 있다. 최근에는 캐나다의 어느 아동·육아용품 기업이 이 프로젝트에 3억 원을 후원했다는 소식도 들려왔다. 이 회사의 사장은 MRI 검사를 받다가 평생 수조에서 살아가는 고래류의 고통을 깨닫게 되었다고 한다. 짧은 시간이지만 좁은 틀 안에 들어가 소음이 들리는 환경에 갇혀 있던 경험을 한 뒤 고래들이 바다에서 살아갈 수 있도록 후원을 결심한 것이다.

돌고래 조련사에서 해방운동가로 변모한 릭 오베리 씨는 돌고래 바다쉼터 건립을 서둘러야 한다고 충고한다. 한국의 경우 리아스식 해안으로 반도와 섬이 많고, 석호 또는 만 등의 자연환경을 잘 이용하면 많은 건립 비용을 들이지 않고도 돌고래 바다쉼터를 만들고 저렴한 비용으로 운영할 수 있다는 것이 그의 주장이다. 그는 실제로 몇몇 지역에서 돌고래 바다쉼터 건립에 나서고 있다. 나오미 로즈 박사처럼 신중히 결정하든, 릭 오베리처럼 과감히 결정하든 우리 역시 돌고래 학살지인 일본 다이지에서 수입한 큰돌고래들을 원 서식처로 돌려보내기가 불가능하므로 돌고래 바다쉼터를 만들어 수족관 감금 생활을 끝내도록 할 필요가 있다. 통키처럼 더 늦기 전에 말이다.

창고에 버려진 돌고래들을 기억하며,
러시아의 바다쉼터 '델파 센터'

러시아에서 야생 돌고래 구조와 치료 및 방류를 목적으로 한 돌고래 야생방류센터가 만들어진다는 소식이 전해져왔다. 계획을 추진하는 곳은 정부나 기업이 아니라 '세이브 돌핀스Save Dolphins'라는 시민단체다. 이 단체 활동가들이 2017년 여름에 한국을 찾아온 적이 있다. 남방큰돌고래 금등과 대포의 야생방류 때문이다. 러시아에서도 쇼 돌고래를 바다로 돌려보내는 일을 추진하던 가운데 마침 한국에서 비슷한 일이 진행되고 있다는 사실을 알게 된 것이다. 이들은 한국에서 수족관 돌고래 일곱 마리를 야생으로 돌려보낸다는 사실에 큰 관심을 보였고, 노하우를 전수받기 위해 제주까지 날아와 함덕항 현지에 2주일간 머물면서 돌고래 야생방류의 모든 과정을 꼼꼼하게 관찰하고 기록했다.

이 활동가들은 호기심이 많았다. 수족관 남방큰돌고래의 야생방류 장소를 왜 제주도 북쪽인 함덕으로 택했는지, 바다 가두리 자연적응 훈련 시작일은 왜 5월로 잡았는지, 왜 훈련은 두 달간 진행되는지, 방류 적응 기간에 먹이는 어떻게 공급하고 어떤 물고기를 주는지, 야생 가두리의 규격은 왜 지름이 22미터이고 모양이 원형인지, 하루 일과는 어떻게 진행되는지, 마지막으로 방류 적합성은 어떻게 평가하는지 등 모든 것이 러시아 팀의 관심거리였다. 금등이와 대포의 방류위원회 소속으로 역시 현장에 머무르던 핫핑크돌핀스는 러시아 팀의 질문에 하나하나 대답하면서 2013년과 2015년에 이어 세 번째로 진행된 돌고래 야생방류 노하우를 그들에게 전해주기 위해 최선을 다했다.

러시아에는 한 장소에서 움직이지 않고 건물을 세워서 붙박이식으로 진행되는 '고정식' 돌고래 공연장과 각 지역을 돌아다니면서 적당한 장소에 서커스 시설을 설치하고 진행하는 '이동식' 돌고래 서커스 등 두 가지 형태의 돌고래 쇼가 진행되고 있다. 대규모 자본이 운영하는 고정식 돌고래 공연장에 비해, 영세한 규모의 돌고래 서커스 유랑단은 이동식으로 러시아 각지에서 활개를 친다고 한다. 고정식 공연장이 정부의 규제를 좀더 쉽게 받는 반면 이동식 돌고래 공연장은 치고 빠지는 형태이기 때문에 바다에서 불법으로 돌고래를 포획해 쇼에 이용하는 짓도 서슴지 않는다고 러시아 활동가들이 전해주었다.

러시아 역시 군사용과 교육 목적이 아닌 돌고래 포획은 법으로 금지하고 있다. 그러나 매년 불법으로 포획된 돌고래가 서커스에 이용되고 있어서 큰 사회문제로 대두되고 있다. 이 문제를 해결하기 위해 만들어진 단체가 바로 세이브 돌핀스다. 러시아에서 본격적인 돌고래 해방 운동이 시작된 것은 2015년으로 거슬러 올라간다. 바람이 불고 몹시 추웠던 11월 어느 날, 흑해 부근 농촌 마을 축사에 돌고래들이 갇혀 있다는 제보가 이 단체로 날아들었다.

활동가들과 수의사가 시골 창고로 찾아가 발견한 돌고래들의 상태는 처참했다. 제대로 먹지 못해서 야위었고, 움직이기도 힘든 좁은 웅덩이에서 돌고래들은 척추만곡증과 여러 감염 질환을 앓고 있었다. 게다가 알고 보니 이들은 개체수가 많지 않아 러시아에서 보호종으로 지정되어 있는 고유종, 흑해 큰돌고래였다. 활동가들은 즉시 러시아 당국에 연락을 취해 이들을 몰수하도록 했고, 돌고래 야생방류센터가 없던 상황이라 어쩔 수 없이 가까운 돌고래 공연장에 이들을 옮겨서 사육토록 했다.

러시아 친구들이 이 돌고래들을 잘 살펴보니 아무래도 악명 높은 돌고래 서커스 유랑단에서 사육하던 제우스와 델파로 보였다. 야생에서 포획된 제우스와 델파는 죽은 생선을 먹으려고 하지 않았으며, 조련사의 명령을 거부하고 쇼 동작을 익히지 않으려고 했다고 유랑단 전직 직원이 세이브 돌핀스 측에 제보했다. 이

러시아 흑해 연안 소치 앞바다에 만들어질 돌고래 구조 치료 방류를 위한 델파 센터의 모습.
© Save Dolphins

돌고래들은 야생 본능에 따라 순치되기를 거부했던 것인데, 업체 측에서는 돌고래들의 성격이 너무 난폭해서 길들이기가 부적당하다고 판단해 시골 마을 창고 수조에 돌고래들을 버리듯 방치해놓고는 다음 도시로 서커스를 하기 위해 떠나버린 것이다.

그렇게 사라진 돌고래가 천신만고 끝에 우연히 다시 발견되었지만 이미 건강을 회복하기에는 너무 늦었던 것일까. 버려진 창고에서 돌고래 공연장으로 옮긴 지 1개월 만에 암컷 큰돌고래 델파가 폐사했고 수컷 제우스도 5개월 만에 폐사하고 말았다. 당시 수족관의 수의사도 돌고래에 대한 임상 경험이 없어서 제대로 치료하지 못했다고 한다. 델파는 발견 당시 몸무게가 겨우 109킬로그램에 지나지 않아 극심한 영양실조 상태였기 때문에 회생이 불가능했을지도 모른다.

이를 계기로 러시아에서는 서커스에 동원된 돌고래들을 구조해 다시 바다로 돌려주자는 움직임이 본격적으로 일어났고, 세이브 돌핀스가 나서서 모금 운동을 진행하며 흑해 연안에 돌고래 야생방류센터를 짓기 시작한 것이다. 그리고 머나먼 한국까지 와서 방류에 필요한 노하우를 배우기로 한 것이다.

러시아 팀은 약 2년간의 준비 기간을 마치고 흑해 연안의 소치 인근 바다 널찍한 장소에 돌고래 방류센터를 세울 것이라고 한다. 그리고 이들에게 큰 영감을 준 돌고래의 이름을 따서 이곳을 델파센터Delfa center라고 부르기로 했다. 센터는 꽤 넓은 면적을 차지하고 있다. 한국에서는 해상 가두리 임대 비용만 몇천만 원에 이르고, 그것도 6개월 정도밖에 사용하지 못한다. 게다가 연안은 모두 지역 어촌계에 의해 어업권으로 묶여 있어서 자유로운 사용도 힘들다. 러시아 팀은 어떻게 바다 한쪽에 어떻게 이렇게 큰 공간을 마련할 수 있었을까? 어느 독지가가 별장으로 소유한 바다 공간을 내줘서 가능했다고 한다. 흑해에서 불법포획되어 좁은 수조에 갇힌 채 러시아 전역을 떠돌다가 그 가혹한 환경을 이기지 못하고 죽어가는 돌고래들의 고통에 러시아 부호도 공감한 것이다.

지금 러시아 활동가들은 델파센터를 개원하기 위해 바쁘게 지낸다. 이곳에 핫핑크돌핀스도 초대받았다. 공연장에서 구조된 돌

러시아와 미국의 돌고래 보호활동가들이 금등, 대포의 제주 바다 방류 현장에 함께했다.

고래들이 널찍한 바다 가두리에서 건강을 회복하고 자연 적응을 마치면 다시 바다로 방류되어 마음껏 흑해를 헤엄칠 것이다. 금등이와 대포가 야생 적응을 마치고 가두리 그물이 열리며 방류되던 날 자신이 해방되던 것처럼 눈물을 흘리며 기뻐하던 러시아 친구들의 모습을 잊을 수 없다. 러시아 팀은 제돌이 방류 성공이 가져다 준 감동을 러시아에서도 이어가겠다고 굳게 약속했는데, 정말로 이 약속을 지키고 있다. 러시아판 제돌이, 춘삼이, 삼팔이, 태산이, 복순이를 기대해본다.

세계 최초의 벨루가 바다쉼터에
한국의 벨루가들도 갈 수 있을까

수족관에서 사육되는 고래들에게 한 가지 기쁜 소식이 전해졌다. 영국이 추진하던 벨루가들을 위한 바다쉼터가 세계 최초로 문을 열었다. 영국의 고래류 보호단체 WDC와 세계적 수족관 기업 멀린엔터테인먼트가 같이 추진한 벨루가 전용 바다쉼터는 4년간의 위치 선정 작업과 기반 시설 공사 등을 끝내고 마침내 문을 열었다. 위치는 아이슬란드 헤이마에이섬의 클렛츠비크만이며, 만을 둘러싼 바다 입구에 부교를 놓는 작업도 진행했다. 벨루가들을 모니터링하고 관리할 인력이 상주할 수 있는 육상 시설과 부교 설치가 마무리되어 드디어 중국 상하이 창펑오션월드 수족관에 있는 벨루가 두 마리(리틀 화이트, 리틀 그레이)가 옮겨오게 된 것이다. 멀린사는 상하이 수족관을 매입할 때 이미 이 고래들을 바다로 돌려보낼 계획을 갖고 있었다고 한다.

2019년 6월 19일, 바다로 돌아가고 싶은 수족관 흰고래들의 오랜 기다림이 결실을 맺었다. 리틀 그레이와 리틀 화이트는 특별 수송기에 태워져 이날 13시간의 비행 끝에 아이슬란드에 무사히 도착했다. 장시간 비행 뒤에도 건강한 상태를 유지했으며 당분간 바다쉼터 인근에 마련된 임시 수조에서 적응 기간을 거친 뒤 쉼터에 방류된다. 9,600킬로미터에 이르는 기나긴 이동 끝에 벨루가들은 원래 살던 북극 바다와 비슷한 야생 환경으로 돌아가게 된 것이다.

흰고래 바다쉼터가 만들어진 곳은 아이슬란드 본섬에서 배로 40분이 걸리는 거리에 있는 헤이마에이섬의 천연 만 지형이다. 이곳은 2002년 범고래 케이코가 야생방류된 곳으로 이미 널리 알려져 있다. 영화 『프리윌리』가 세계적으로 성공하자 주인공인 케이코는 야생방류 운동이 일었고, 1998년 멕시코의 좁은 수조에서 이곳 바다에 마련된 길이 76미터에 너비 30미터의 야생 방사장으로 옮겨졌다. 케이코는 몇 년간의 적응 기간을 거친 뒤 2002년 8월 마침내 자유를 되찾았다. 범고래 케이코의 야생적응 훈련장으로 사용된 전력이 있었기에 이곳이 벨루가를 위한 바다쉼터로 선정될 수 있었다. 해양포유류 과학자들은 이 지역이 가진 장점과 단점을 이미 파악하고 있었다. 케이코가 떠난 곳에 이제 수족관 벨루가들이 들어와 새로운 바다 보금자리를 꾸미게

벨루가 바다쉼터가 마련될 아이슬란드 클렛츠비크만 전경. © 씨라이프신탁

된 것이다.

그런데 이곳은 수족관 같은 관광시설이 아니라 본질적으로 '쉼터' 역할을 하게 된다. 그래서 옮겨온 흰고래들이 자연과 같은 환경에서 지낼 수 있도록 관람객은 소수로 제한될 것이라고 담당자는 설명했다. 주기적으로 고래들의 건강을 확인할 관리 인력과 연구자도 직접 다가가기보다는 수중녹음기와 절벽에 설치된 카메라를 통해 모습을 관찰하게 된다고 한다. 돌고래 바다쉼터가 또 하나의 생태관광 목적으로 만들어지는 것이 아니라 오로지 수족관이라는 고통스러운 환경에서 살아온 고래들의 복지를 위해 추진되고 있다는 점이 놀랍다.

천혜의 자연환경을 이용한 흰고래 바다쉼터는 수심이 약 10미터로 그리 깊지 않지만 전체 면적은 3만 3,000평방미터나 되어서 전 세계 어떤 고래류 수족관 시설보다 나은 환경을 자랑한다. 또한 아이슬란드 바다의 험한 날씨에서 고래들을 적당히 보호할 수 있도록 움푹 들어간 지형에 만들어지며, 벨루가의 습성에 맞게 북극에 가까운 곳이어서 연중 최고 수온 역시 섭씨 14도를 넘지 않을 전망이다. 북극 지역에 서식하는 흰고래는 몸에 두꺼운 지방을 축적하고 있어서 수온이 14~16도를 넘을 경우 심한 스트레스를 받기 때문에 서식에 적절하지 않다.

상하이 수족관에서 고래생태설명회를 하고 있는 두 흰고래는 현재 약 13도의 수온에서 생활하고 있는데, 아이슬란드 바다쉼터의 수온은 봄철에 약 섭씨 0도였다. 새로운 환경에 잘 적응하기 위해 벨루가들은 이송 전에 지방을 충분히 늘리는 과정을 거쳤고, 아이슬란드로 이동한 후에도 바로 바다쉼터로 투입된 것이 아니라 현지에 마련된 임시 수조에서 새로운 환경에 적응하는 기간을 가졌다. 이 과정은 전 세계가 지켜보고 있다.

리틀 화이트와 리틀 그레이는 현재 나이가 15살인데, 남은 생을 모두 이곳 바다쉼터에서 보낼 수 있을 것으로 보인다. 야생의 흰고래 수명이 50살 이상인 것을 감안하면 앞으로 수십 년 이상 자연과 비슷한 환경에서 지낼 것이기 때문에 수족관 해양포유류의 동물복지에 있어서는 획기적인 소식이 아닐 수 없다. 과학자들은 흰고래의 평균 수명을 70~80년 정도로 본다. 당장은 아니더라도 아이슬란드에 세계 최초로 만들어진 바다쉼터에 다른 나라의 수족관 흰고래들도 들어올 수 있을 것이다. 전문가들은 이곳에서 모두 10마리 정도가 살아갈 수 있을 것으로 내다보고 있다.

전 세계 수족관 시설에서 사육되는 고래류는 모두 3,000마리 이상으로 집계되고 있으며, 벨루가의 경우 약 300마리가 수조에 갇혀 있다. 한국에는 롯데월드 아쿠아리움과 한화아쿠아플라넷 여수 그리고 거제씨월드 등 세 군데 수족관 시설에서 모두 아홉 마리가 사육과 전시에 동원되고 있다. 그런데 이 세 군데 사육시설이 모두 비좁고 수심이 얕아서 문제가 많다. 좁은 곳에 갇혀 지낼 때 발생하는 정형행동을 보이는 개체들도 있다. 한 곳에서 움직이지 않고 그대로 가만히 있는 모습도 관찰된다. 야생의 흰고래들이 대규모 가족을 이루고 활기차게 소통하며 움직이는 것과는 너무나 대비되는 모습이다.

바다의 카나리아라고 불리며 시끄러운 소리를 내기 좋아하는 이들 벨루가가 아무런 움직임도 없이 수조 구석에서 그저 조용히 전시되어 있는 장면은 아무리 봐도 자연스러워 보이지 않는다. 롯데월드 아쿠아리움에서 수입한 세 마리 가운데 한 마리가 2016년 4월 폐사한 일도 있었다. 이 사건 이후 롯데월드 측에서는 벨루가를 더 반입하지 않겠다고 발표했다. 한화아쿠아플라넷 여수에서는 암컷 한 마리와 수컷 두 마리로 구성된 세 마리 벨루가가 서로 싸우는 바람에 암컷만 보조 수조에 격리하고 있는 형편이다. 암컷 혼자 지내는 수조 역시 매우 좁아 보인다.

거제씨월드에서는 네 마리나 되는 벨루가가 섭씨 18도 이상의

거제씨월드 흰고래와 그 앞에서 고래를 구경하고 있는 어린이 관광객.

높은 수온에서 부대끼며 사육되고 있는데, 그 자체로 학대에 해당한다. 거제씨월드의 수조 역시 네 마리가 자유롭게 헤엄치기에는 비좁고 얕은데, 필리핀 출신의 수석사육사는 핫핑크돌핀스와의 대화에서 "수심이 얕은 대신 다른 수조로 헤엄칠 수 있게 해준다"라며 문제가 없다고 설명했다. 그러나 다른 수조에는 일본 다이지에서 잡혀온 큰돌고래 아홉 마리가 이미 사육 중이어서, 그 자체로 안타까움을 자아낸다.

그런데 추운 북극 지방에 사는 국제적 멸종위기종 흰고래들이 어떻게 전 세계로 퍼져 있는 것일까. 러시아의 외화벌이 수단으로 세계 각지의 수족관으로 팔려가기 때문이다. 러시아에서는 과학적 연구 목적과 교육 목적으로만 흰고래의 포획이 허락되지만 이렇게 잡힌 흰고래들은 연구나 교육보다는 오락의 목적으로 전 세계 시설로 보내진다.

2018년 11월 러시아 연해주 앞바다에 가두리처럼 생긴 '고래 감옥'의 모습이 드론 촬영으로 공개되어 충격을 주었다. 그곳에는 흰고래 90마리와 범고래 11마리 등 총 101마리의 고래가 해외로 팔려가길 기다리며 좁은 시설에 감금되어 있었다. 이 고래들은 대부분 중국의 도시들에 우후죽순처럼 생겨나고 있는 돌고래 수족관으로 팔려가기 위해 오호츠크해 일대에서 잡혀온 것으로 알려졌다. 이들은 굶주림과 혹한 그리고 비좁은 가두리의 열악한 환경 때문에 옴짝달싹 움직이지도 못하고 저체온증에 시달렸는데, 이 과정에서 흰고래 세 마리와 범고래 한 마리가 죽고 총 97마리가 살아남았다.

이런 끔찍한 사실이 알려지자 영화배우 등 유명 인사들이 푸틴 대통령에게 공개 서신을 보냈고, 온라인 청원에는 100만 명이 넘는 서명이 이어졌다. 계속된 국제사회의 비난과 압박 때문에 결국 러시아 정부는 고래를 풀어주기로 결정했다. 현재는 캐나다 고래류 바다쉼터 건설 프로젝트 소속 과학자 등 고래 전문가들이 현장에 파견되어 생존 고래들의 건강 상태를 확인하고 있다. 그리고 수온이 오르면 단계적으로 바다에 다시 풀어주기 위한 세부 계획을 짜고 있다. 러시아 검찰 역시 업자들이 중국에 팔아넘길 목적으로 고래를 가두리에 가둬놓은 것으로 보고, 관련 회사를 기소했다.

연구와 교육 목적으로 수입되는 흰고래의 가격은 상상을 초월한다. 보도에 따르면 롯데월드 아쿠아리움이 흰고래 세 마리를 수입할 때 마리당 총 비용으로 약 1억 5000만 원을 지불했다고 한다. 러시아 범고래는 흰고래보다 덩치가 더 크고 숫자가 적어서 중국 수족관으로 팔려갈 때 마리당 10억 원 이상의 가격으로 거래되는 것으로 전해진다. 이 금액이 모두 러시아 당국으로 흘러들어가니 러시아는 고래를 팔아 엄청난 수입을 거둘 수 있고, 따라서 '고래 무역'이 지속될 수밖에 없다. 전 세계 고래류 수족관들이 이와 같은 고래 사냥을 유지시키는 버팀목 역할을 하는 것이다.

수족관에서 풀려나 아이슬란드 바다쉼터로 이송되는 두 마리 흰고래는 러시아 백해에서 약 세 살 무렵 포획되었다. 매우 어릴 적에 잡혔고, 이미 12년간이나 인간의 손을 타며 수족관 생활에 길들여져서 완전히 야생 바다로 방류하기는 힘들다는 것이 이 프로젝트를 추진하는 비영리단체 씨라이프신탁Sea Life Trust 측의 판단이다. 이 흰고래들이 바다와 비슷한 환경에 적응하여 살아가게 된다면 경우에 따라서는 야생성을 회복하게 될 수도 있을 것이고, 그렇다면 야생방류가 가능해질 수 있다. 하지만 바다쉼터 측에서는 야생방류는 전혀 고려하지 않고 있다.

수족관 흰고래들이 고향인 백해 인근 바다로 돌아가지는 못할지라도 북극의 바다 환경과 비슷한 곳에서 살아갈 수 있게 된 것만으로도 커다란 의미가 있다. 중국 상하이 수족관에서 아이슬란드 바다쉼터까지 거리는 약 9,600킬로미터에 이르고, 운송 역시 비행기와 트럭과 선박이 모두 동원되는 약 35시간의 긴 여정이다. 바다에서 태어나 포획 후 순치 과정을 겪으며 수족관에 갇힌 흰고래들이 천신만고 끝에 다시 바다로 돌아가는 이 스펙터클한 광경을 세계가 주목하고 있다.

두 마리 흰고래에게는 기나긴 수송 과정이 생고생이겠지만 다른 흰고래들이 애초에 바다에서 잡혀오지 않게 될 수만 있다면 기꺼이 감내할지도 모른다. 흰고래를 연구하는 전문가들은 벨루가 집단이 구성하는 사회관계망이 인간보다 훨씬 복잡하다고 말한다. 그렇다면 흰고래들은 분명 동료들의 안위에도 관심이 많을 것이다. 한국 수족관에 갇혀 있는 흰고래들에게도 이런 소식이 들려올 수 있기를 바란다.

[공동성명서] 고래들이 있을 곳은 수족관이 아니라 바다다
"국내 사육 중인 벨루가를 러시아 바다로 방류하라"

현재 국내 수족관 일곱 곳에는 러시아 북극해에서 잡혀온 벨루가 9마리 등 총 38마리의 고래류가 억류되어 있다. 바다에서 마음껏 뛰놀던 고래를 잡아 야생보다 수백만 배 좁은 감옥에 가두고 전시와 공연용으로 이용하고 있는 것이다. 자연 상태라면 수심 700미터 아래까지 유영하고 복잡한 무리 생활을 영위하는 고래들을 평생 감옥 같은 좁은 콘크리트 수조에 가두어놓고 돈벌이에 이용하는 것은 명백히 생명 존엄의 가치를 부정하는 행위다.

지난 4월 8일 러시아 정부는 연해주 고래감옥에 억류되어 있는 98마리의 고래를 야생으로 돌려보내는 합의문을 전격 발표하여 전 세계를 놀라게 한 바 있다. 러시아 4개 포경업체가 벨루가 87마리와 범고래 11마리를 산 채로 잡아 수십 미터 크기의 좁은 고래 감옥에 가두고 중국 수족관으로 수출하려고 했는데, 지난여름 이런 행위가 공개되면서 전 세계 고래보호단체의 공분을 불러일으켰고 급기야 러시아 연방정부가 개입하여 환경단체와 합의에 이른 것이다. 합의문은 억류되어 있는 모든 고래를 위한 바다쉼터를 마련하고 야생적응 훈련을 거쳐 자연으로 돌려보낸다는 계획을 담고 있다.

2013년부터 서울대공원 제돌이를 비롯해 총 7마리의 남방큰돌고래를 고향인 제주 바다로 돌려보낸 한국도 러시아와 함께 좁은 수조에 갇힌 벨루가 해방에 동참해야 한다.

우리는 이번 러시아의 벨루가 야생방류 결정을 환영하며 수족관 기업들과 정부에게 다음과 같이 요구한다.

1. 롯데, 한화, 거제씨월드는 모든 벨루가를 러시아 재활/방류 훈련시설로 보내라

국내에는 총 9마리의 벨루가가 사육 중이며 이들은 러시아 정부가 훈련과 재활을 통해 다시 방류하려는 야생 포획 벨루가 87마리와 같은 고향에서 잡혀왔다.

롯데 아쿠아리움이 들여온 벨루가 3마리 중 '벨로'는 2016년 포획/감금으로 인한 건강 악화로 폐사했고, 한화 아쿠아플라넷 여수의 벨루가 3마리 중 '루비'는 좁은 사육 환경으로 인해 척추곡만증을 겪고 있다. 거제씨월드의 벨루가들은 '체험 프로그램'에 동원되어 먹이를 위해 춤추고 사람에게 만짐을 당하는 등 야생에서 절대 하지 않는 행동들을 강요당하고 있다.

드넓은 북극 바다에서 자유롭게 살던 벨루가를 잡아 수족관에 전시하고 쇼에 동원하는 행위는 무엇으로도 정당화될 수 없다. 롯데 아쿠아리움, 한화 아쿠아플라넷, 거제씨월드는 수족관에서의 사육

이 부적절한 벨루가들을 고향인 러시아 북극해로 돌려보내라.

2. 정부는 동물원수족관법 개정을 통해 고래류 사육 및 전시를 금지하라

살아 있는 고래의 무역 금지를 통해 고래 전시를 불허하는 국가는 전 세계적으로 10개국에 달한다(볼리비아, 칠레, 코스타리카, 크로아티아, 사이프러스, 헝가리, 인도, 니카라과, 슬로베니아, 스위스). 미국 캘리포니아는 2016년에 범고래 보호법Orca Welfare and Safety Act을 제정하여 교육 목적이 아닌 범고래의 전시와 공연을 불법으로 규정하고 현재 억류되어 있는 고래의 복지 기준을 마련한 바 있다. 이 법에 따라 미국 샌디에이고에 위치한 씨월드는 2017년 1월부터 범고래 공연을 중지하고 있다. 현재 미국 연방정부와 플로리다주에도 이 법안이 상정되어 있다. 캐나다는 최근 의회에서 고래와 돌고래 등 모든 고래류의 사육을 금지하는 법안의 형법 개정안 통과 절차를 마무리하고 있다. S-203으로 불리는 이 법안은 캐나다에서 모든 고래류의 번식과 사육을 금지하는 내용을 담고 있으며, 이를 어길 경우 형사처벌을 받게 된다.

이처럼 고래류의 수족관 전시, 공연 금지는 세계적인 흐름이다. 한국 정부도 동물원수족관법 개정을 통해 고래류의 전시, 공연, 체험, 번식을 금지해야 하다. 1990년 이후 우리나라 수족관에서 죽은 고래가 총 49마리로 추정되며, 2008년에서 2016년 기간에는 매년 4~5마리의 고래가 폐사했다. 야생보다 수백만 배 좁고 단조로운 환경의 수족관은 고래에게는 감옥이자 죽음으로 가는 고통의 공간이다.

3. 해양수산부는 국립 해양동물 보호센터를 설립하라

해양수산부는 현재 해양생태계법에 의해 '해양동물 전문 구조•치료기관' 아홉 곳을 지정하여 운영하고 있다. 이들은 대부분 해양동물을 오락거리로 이용하는 사설 수족관이며, 실질적으로 좌초되거나 부상을 입은 해양동물을 구조 치료하는 데 전념하기 어려운 한계가 있다. 해양수산부는 사설 수족관에게 맡긴 해양동물 구조 치료 업무를 국립 해양동물 보호센터 설립을 통해 책임져야 한다. 국립 해양동물 보호센터 설립은 국내에 부족한 해양동물, 특히 해양포유류의 전문인력을 양성할 수 있는 가장 확실한 방법이다.

- 롯데, 한화, 거제씨월드는 모든 벨루가를 러시아로 돌려보내라
- 정부는 모든 고래류의 전시, 공연, 체험을 금지하라
- 정부는 국립기관을 만들어 고래류를 비롯한 해양동물 보호에 앞장서라

2019년 4월 15일

동물권행동 카라, 동물해방물결, 시민환경연구소, 핫핑크돌핀스, 환경보건시민센터, 환경운동연합 바다위원회

2부
생명을 품고 있는 바다

제주 해녀와
남방큰돌고래의 공생은 가능할까

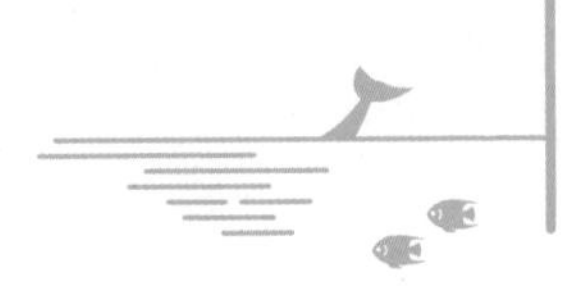

제주 바다에서 맨손 어업에 종사하는 해녀들 말에 의하면 물질할 때 돌고래를 만나면 아주 크게 보인다고 한다. 수중에서는 물체가 실제보다 크게 보이기 마련인데 남방큰돌고래 성체는 몸길이가 2.7미터에 달하니 무섭게 느껴질 법도 하다. 2018년 2월 25일 서귀포시 대정읍 앞바다에서 핫핑크돌핀스가 촬영한 해녀와 남방큰돌고래 사진을 보면 수면 위 모습에서도 해녀들보다 남방큰돌고래가 훨씬 크다. 이 정도 크기의 돌고래가 물속에서 빠르게 헤엄쳐온다고 생각하면 정말 무서울 것 같다.

해녀들은 돌고래가 헤엄쳐 지나가는 내내 "물알로! 물알로!"라고 외친다. 물 아래로 내려가라는 말이다. "배알로! 배알로!" 외치기도 한다. 그런 소리를 들어서인지 돌고래들은 해녀 옆을 지날

해녀와 돌고래는 바다에서 공생하는 관계다.

때 물 아래로 지나갔다가 좀 지나서 다시 수면 위로 올라온다. 해녀와 돌고래는 제주 바다를 상징적으로 가장 잘 보여주는 두 존재다. 이들에서 제주 바다의 강인한 삶이 묻어난다. 한국에서는 제주 말고 해녀와 돌고래가 이렇게 바다에 같이 있는 모습을 볼 수 있는 곳이 없다.

그런데 일부 해녀들이 돌고래들에 대한 민원을 제기하고 있다는 소식이 들려왔다. 물질을 하면서 문어를 잡아서 테왁 밑 망사리에 넣어두면 남방큰돌고래들이 지나가다가 그 사이로 삐져나온 문어의 다리를 떼먹는기도 한다는 것이다. 해녀들은 돌고래들이 자신을 해치지 않는다는 것은 물론 알고 있지만, 가까이 다가오면 위협적이기도 하고 애써 잡은 해산물도 노리기 때문에 주변에 돌고래들이 접근하지 못하게 해달라고 제주도에 지속적으로 민원을 넣고 있다는 것이다. 공존이라는 단어는 참 아름답지만 실제 추구하기는 어렵다.

그래서 핫핑크돌핀스는 '핑어pinger'라는 소형 음향경고장치를 테왁에 달 것을 권고했다. 핑어는 소리에 민감한 돌고래들이 싫어하는 주파수의 음파를 발산하는 조그만 기계인데, 하나를 달면 주변 약 200미터 정도에는 돌고래들이 접근하지 않는다. 한 가지 문제는 돌고래에 따라 싫어하는 주파수 영역이 다르다는 것이다. 한국산 핑어가 없으니 시중에서 구할 수 있는 영국제 또는 미국제를 사용해야 할 텐데, 쇠돌고래나 큰돌고래를 대상으로 만들어진 이 핑어들이 제주 남방큰돌고래에 효과를 보일지는 실제 사용해보는 방법밖에 없을 것이다.

돌고래들은 무척 똑똑하기 때문에 실제 효과가 반감될 수도 있다. 고래연구센터 안용락 박사는 2013년 10월 〈한겨레〉와의 인터뷰에서 다음과 같이 말했다.*

"유럽이나 미국에서는 쇠돌고래가 그물에 걸리는 걸 막기 위해 핑어라는 기계를 많이 써요. 그런데 아직 한국 어민들은 음향경고장치가 다른 고기까지 쫓는다고 생각하기 때문인지 잘 쓰지 않아요. 또 돌고래들이 정말 똑똑하거든요. 시범을 해봤더니 처음에는 겁을 내고 접근을 안 하다가 얼마 지나지 않아 다시 다가오더래

* 〈한겨레〉, "고래는 운이 나빠 그물에 걸려 죽는 걸까", 2013년 10월 18일.

요. 소리가 나는 곳에 먹이가 있다고 생각하는 거죠."

그렇지만 해녀와 돌고래의 공생을 위해 핑어 도입은 시도해봄 직하다. 물고기가 많이 들어 있는 큰 그물과는 달리 싫어하는 음파를 무릅쓰면서까지 돌고래들이 조그만 테왁에 접근하지는 않을 테니 말이다. 해녀들의 테왁과 망사리에는 돌고래들이 좋아하는 먹이가 그리 많지 않을 것이다. 호기심 많은 일부 개체를 제외하면 해녀들에게 굳이 다가오려고는 하지 않을 것으로 예상된다.

해녀와 남방큰돌고래는 오래전부터 제주 바다에서 공생의 삶을 이어오고 있다. 제주 해역에 상어들이 상당히 많지만 연안 가까이 접근하지 못하는 이유도 남방큰돌고래들이 집단을 이뤄 텃세를 잡고 상어가 다가오면 쫓아내기 때문이다. 상어와 돌고래는 서로 경쟁 관계에 놓여 있어서 돌고래들이 자리를 잡으면 상어가 오지 않는다. 여름철 해수욕장에서 간간이 들려오는 상어 공격이 제주에서는 발생하지 않는 이유가 여기에 있다.

해녀들이 제주 바다에서 상어 공격을 받지 않고 물질을 할 수 있는 것도 '돌고래 보호막' 때문이다. 이미 이들은 공생을 이루고 있는 것이다. 바다는 누구의 전유물이 아니다. 그곳에서 고달픈 삶을 질기게 이어오는 모든 생명을 응원한다.

돌고래를 관찰하다 보면 갯바위 낚시꾼을 자주 만난다. 제주 대정읍 해안가에서 만난 낚시꾼들은 돌고래에 대한 불만이 많은 듯하다. 돌고래들이 물고기를 다 잡아먹는다는 푸념이다. 돌고래들이 오면 물고기가 도망가버리므로 불만스러운 것은 이해할 수 있다. 하지만 물고기를 다 잡아먹는 남획은 인간의 주특기다.

생존을 위해 먹이 활동을 하는 제주 남방큰돌고래 약 120마리가 물고기를 다 잡아먹는다는 주장은 과장이 심하다. 보통 돌고래 한 마리가 하루에 먹는 물고기는 약 10~15킬로그램 정도다. 그런데 일부 낚시꾼들은 진심으로 돌고래 때문에 물고기가 줄었다고 불만이다. 남방큰돌고래들이 제주 해양생태계의 균형을 유지하게 해주어 장기적으로 물고기들이 계속 살아갈 수 있는 조건을 만들어주므로 당장 눈앞의 물고기 마릿수만 보고 돌고래들을 비난하는 것은 단견이다. 언제까지 우리는 당장 눈앞의 이익만 좇을 것인가?

그렇다면 요즘 유행하기 시작한 생태관광은 인간과 돌고래 모두에게 이로울까? 이 역시 쉬운 주제가 아니다. 제주 대정읍에서는 육상에서 연중 육안으로 돌고래 관찰이 가능하다는 사실이 알려지며 관광객들이 찾아들고 있다. 제주 야생 돌고래 탐사를 내세운 선박관광업체는 자신들의 홈페이지에 '돌고래 반경 50미터 안으로 접근하지 않는다'는 주의사항을 만들어놓고도 10미터 이내로 접근하는 경우가 다반사다.

성체 몇몇은 선박이 접근하면 가까이 다가가기도 하지만 어미와 새끼 돌고래들은 큰 위협감을 느껴 유영 방향을 바꾸거나 무리에서 흩어진다. 남방큰돌고래 무리를 발견하면 전속력으로 달려와 돌고래들이 멀리 달아날 때까지 집요하게 졸졸졸 따라다니는 이런 스토킹 선박관광은 야생 돌고래들의 생체 리듬을 깨트리고 건강 악화와 번식률 저하를 초래한다.

동해의 참돌고래나 서해, 남해의 상괭이 개체수가 1만 마리 이상인 것에 비춰보면 제주 남방큰돌고래의 개체수는 겨우 120마리 남짓에 불과하니 매우 적은 숫자다. 그래서 제주 돌고래의 경우에는 아직은 관광보다는 보전에 초점을 맞춰야 한다. 연안 가까이 정착해 살아온 제주 돌고래를 이용해 어떤 사업을 벌여 돈을 벌까 궁리하는 사람들이 있는데, 돌고래들에게 스트레스를 주거나 위협을 가하는 행동이나 사업은 애초에 진행되지 않도록 해야 한다. 그래서 돌고래들의 주요 서식처인 제주 대정읍 앞바다를 남방큰돌고래 보호구역으로 지정하는 것과 함께 육상 일대를 '블루벨트'로 지정하여 난개발을 차단하는 것이 시급히 필요하다. 돌고래와 인간의 공생 관계를 유지하기 위한 최소한의 제도적 장치가 될 것이다.

외국에선 귀한 몸인데 한국에선 찬밥 신세,
국제보호종 상괭이

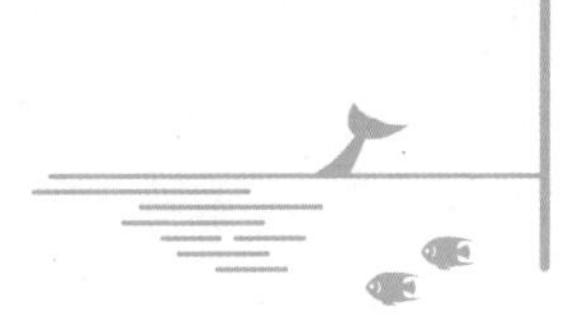

2018년 9월 경남 고성에서 상괭이 보호구역을 마련하겠다고 나섰다. 상괭이 사체가 주로 발견되는 자란만 해역을 해양생물보호구역으로 지정해 상괭이를 효율적으로 보호하고 관광테마자원으로 육성한다는 계획을 세운 것이다. 이곳은 부산 가덕도, 전남 해남 임하도 일대, 전북 부안 등 상괭이가 연중 서식하고 있는 것으로 알려진 곳 가운데 하나다. 한반도 연근해에서 상괭이 개체수가 급감하는 상황에서 지방자치단체가 보호구역 지정에 나선 것은 해양생물 보호를 위한 좋은 출발이 될 수 있다. 서식지 정밀조사와 계획 작성, 지역 의견 청취, 관계기관 심의 등의 단계가 아직 남아 있어 당장 이뤄지지는 않겠지만 서두를 필요가 있다. 국내 최초로 상괭이 보호구역이 만들어지는 것이기 때문이다.

부산 아쿠아리움에 전시되어 있다가 자연방류된 상괭이 오월이. © 해양수산부

웃는 돌고래 또는 미소 천사라는 별명을 가진 상괭이는 멸종위기에 처한 국제 보호종으로 지정되어 있지만 한국 바다에서는 너무나 흔하게 보이는 토종 돌고래라서인지 매년 1,000마리 넘게 그물에 걸려 죽어도 지금까지 실질적인 보호 대책이 마련되지 않았다. 최대 몸길이 2미터 이하의 소형 돌고래인 상괭이는 수심이 얕은 아시아 대륙 연안에 주로 서식하는데, 그중 가장 많은 개체가 한국 해역에 살고 있다. 외국에서는 멸종위기종으로 보호받는데 정작 국내에서는 너무 많아 천덕꾸러기 취급을 받는 고라니처럼 어민들은 상괭이를 귀찮은 존재로 여기기도 했다.

2011년 2월에는 새만금 방조제 안쪽에 갇힌 상괭이 249마리

2018년 3월 충남 계룡시의 한 재래시장에서 상괭이가 다른 수산물과 함께 얼음상자에 담겨져 판매되는 제보사진이 핫핑크돌핀스에 접수되었다.

가 떼죽음당한 채 발견되어 충격을 주었다. 드넓은 갯벌과 바다가 방조제 수문으로 가로막히면서 바다로 나가지 못한 상괭이들이 추위에 얼어붙으며 질식사한 것으로 추정되었지만 이후 아무런 조치가 취해지지 않았다. 앞으로 이어질 상괭이 수난의 신호탄이었을까.

2012년 경남 통영 앞바다에서 우연히 그물에 걸린 상괭이가 부산 아쿠아리움으로 옮겨져 무려 1년 7개월간 전시되다 마침내 방류된 일도 있었다. 해양동물의 구조와 치료가 필요해 시설로 이송했다면 건강을 회복한 후 바로 바다로 돌려보내야 하지만, 동물원과 수족관 등의 사육시설에서는 방류보다 전시를 더 중요시했다. 수조에 갇힌 돌고래를 보러 오는 사람들이 많았기 때문이다. 이후 많은 이들의 노력으로 이런 관행이 개선되어서 현재 사육시설에서 전시되는 상괭이는 한 마리도 없다.

상괭이는 국립수산과학원 고래연구센터가 추정한 개체수가 2005년 3만 6,000마리에서 2011년 1만 3,000마리로 64퍼센트 줄어든 것으로 보고되었다. 혼획 등 공식적으로 파악된 폐사 숫자를 모두 합치면 2005년부터 2015년까지 10년간 최소 약 3만 마리가 죽은 것으로 드러났다. 이렇게 매년 3,000마리 이상의 보호종 고래가 죽어가는 상황에서 해양수산부는 2016년 9월 뒤늦게 상괭이를 보호 대상 해양생물로 지정했다.

그런데 실질적인 보호대책은 아직도 마련되지 못한 상황이다. 2018년 4월 태안에서는 상괭이 혼획의 충격적인 실태가 뉴스에 보도되었다. 매일 상괭이 20~30마리가 안강망(긴 주머니 모양의 통그물)에 우연히 걸려 죽은 채 발견되어 아침마다 트럭에 실어 사체를 내보내고 있는데, 이렇게 죽은 보호종 고래에 대해서도 사체 처리 규정이 마련되어 있지 않아서 일부가 울산과 부산 지역에 고래고기로 유통되고 있다는 어민들의 전언이었다.

지난해 태안군에서만 상괭이 혼획이 1,000마리 이상이 보고되었는데, 보령 등 인근 지역에서는 보상제도가 마련되지 않아서 어민들이 죽은 상괭이를 그냥 바다에 버리고 있다는 것이다. 이럴 경우 아예 통계에 잡히지도 않아서 혼획으로 해마다 실제로 죽어가는 돌고래는 더 많을 것으로 추산된다. 2019년 3월 방송된

MBC 스페셜 『바다의 경고-상괭이가 사라진다』 편에서 상괭이 전문가 박겸준 박사는 한국 바다 상괭이 개체수의 90퍼센트가 이미 멸종되었을 것이라는 충격적인 내용을 전했다. 우리는 어떻게 해야 할까.

2018년 4월 경남 사천시 삼천포 앞바다에 분홍색 상괭이가 나타났다는 소식으로 지역이 떠들썩해졌다. 바다 케이블카가 상업운행을 시작할 무렵 인근에 10마리 정도의 상괭이 가족이 유영하는 모습이 몇 차례 목격되었고 사진으로 공개된 것이다. 일부 언론에서는 케이블카 개장을 축하하는 상괭이의 출현이라고 보도했지만, 상괭이는 원래 이 바다를 터전으로 삼아 살아왔다. 바다 개발이 가속화되는 요즘 그래서 더욱 상괭이 보호구역 지정이 절실해진 것이다. 주요 서식처마다 시민 환경감시원을 위촉하거나 배치해 상시적인 모니터링을 하는 것도 필요하다.

또한 그물에 걸린 상괭이가 폐사하지 않고 빠져나갈 수 있도록 고래연구센터에서 해파리 방지 그물을 개량해 만든 탈출망을 어민들에게 실제로 보급해야 한다. 고래들의 서식처와 고래 회유 지역 일대에 쳐놓은 그물은 야생동물이 지나는 길목에 쳐놓은 '올무'와 같다. 고래들이 우연히 그물에 걸린다고 하지만, 올무에 걸린 야생동물을 우연으로 인정하여 판매를 허락하는 일은 없다. 우연히 올무에 걸린 멧돼지와 고라니를 시중에 판매하는 것처럼 혼획 고래의 유통은 밀렵을 인정해주는 일이다. 그래서 상괭이 서

안강망에 걸려 죽은 상괭이들이 매일 아침 포구에 들어와 트럭에 실려나간다. SBS뉴스 캡처.

식처에 그물을 치지 않도록 계도 활동도 지속해야 하며 고래고기 유통도 금지시켜야 한다. 이런 조치들이 마련되지 못한다면 한국 바다에 사는 한 상괭이의 수난은 계속될 것이다.

중국에서는 2017년에 이미 양쯔강 일대에 상괭이 보호구역을 지정했다. 이곳을 돌고래들의 낙원으로 만들겠다는 목표로 환경보호원들이 배를 타고 양쯔강 일대를 순시하며 불법포획, 환경오염, 모래 채굴 등이 일어나지 않도록 감시하고 있다. 상괭이는 주로 바다에 살지만 담수에도 적응해 사는 개체군이 있는데, 대표적인 것이 바로 양쯔강 상괭이다. 양쯔강에 살던 돌고래 두 종 가운데 양쯔강돌고래, 즉 분홍돌고래 '바이지Baiji'는 이미 2007년에 멸종이 선언되었는데, 뒤늦게 중국 정부도 정신을 차리고 마지막 남은 강돌고래 상괭이를 보호하려는 것이다. 한국 정부도 늦었지만 이제라도 돌고래 보호구역을 지정해야 할 것이다.

고래류는 종에 따라 성격이 매우 다르다. 수백 마리 이상이 집단을 이루고 살며 성격이 매우 급해서 수조에 갇히면 바로 죽어버리는 참돌고래가 있는가 하면, 수면 위로 몸을 드러내고 뛰어올라 회전하기를 좋아하는 긴부리돌고래도 있으며, 친근한 성격으로 선박에 다가오거나 해녀에게 접근하는 등 인간에게 호기심을 보이는 제주 남방큰돌고래도 있다. 그런데 상괭이는 겁이 많고 매우 수줍은 성격이라서 배가 접근하면 도망가버리고, 등지느러미도 없어서 해안 관찰이 쉽지 않다. 귀여운 모습의 상괭이는 오래전부터 한국 바다의 인어로 인식되어왔고, 위기에 처한 토종 돌고래를 보호해야 한다는 인식이 확산되고 있다.

몇 년 사이 여수와 거제, 평택 등 전국에서 상괭이 구조와 방류 소식이 늘어나고 있다. 2017년 9월 인천 영종도 해변에서 상괭이 세 마리가 그물에 걸린 상태로 발견됐다. 밀물 때 들어왔다가 썰물 때 전통 고기잡이 체험을 위해 쳐놓은 그물에 걸린 것이다. 다행히 관광객들이 발견해 헤엄칠 수 있는 바다까지 데려가 보내주었다. 변화된 시민의식을 느낄 수 있는 부분이다. 실질적인 해양생물 보호정책이 뒷받침된다면 토종 돌고래들은 안심하고 바다에서 우리와 공존하며 살아갈 수 있을 것이다.

머지않은 미래, 돌고래와 인간은
소통할 수 있을까

2018년 2월 인간과 비슷하게 발음하는 범고래가 나타나 많은 이들의 호기심을 불러일으켰다. 주인공은 프랑스의 수족관에 살고 있는 범고래 위키였다. 인간의 언어를 따라 한다니 어떤 범고래일까 궁금했는데, 사육사가 "헬로" "바이 바이" 같은 영어 단어를 들려주면 비슷하게 흉내 내는 수준에 불과했다. 인간의 소리를 흉내 내는 것은 다른 동물들에서도 볼 수 있으므로, 특이한 일은 아니다.

범고래와 큰돌고래, 흰고래 등은 인간과 비슷한 수준의 복잡한 언어를 구사할 수 있는 것으로 알려져 있다. 그리고 지금도 돌고래의 언어 체계를 이해하려는 노력을 지속적으로 쏟고 있다. 다른 종의 동물과 직접 소통하고 싶은 것은 인간의 오랜 꿈이니 말이다. 인간이 다른 종의 동물과 언어적 소통이 가능해진다면 첫 번째 상대는 돌고래가 되지 않을까?

러시아 학자들은 흑해 연안에 사는 고유종 큰돌고래들이 사람처럼 문장을 구성해 대화하고 소통한다는 사실을 밝혀냈다. 수중 마이크를 통해 돌고래들의 대화를 녹음해 분석해본 결과 이들이 사용하는 파동에서 인간의 언어와 비슷한 구조적 특징이 발견되었다는 것이다. 신기한 것은 한 마리가 문장 형태로 이야기하면 다른 돌고래는 그 말을 끊지 않고 끝날 때까지 다 들어준 다음 자신의 이야기를 했다는 것이다. 돌고래들은 보통 휘파람 소리와 딸깍거리는 소리로 소통한다고 알려져 있는데, 파동 역시 중요한 소통 도구로서 인간의 언어와 비슷하게 사용된다. 파동과 파동 사이의 침묵 역시 돌고래 언어의 일부분이었다.

최근에는 큰돌고래 무리와 가까이 어울려 살아가는 흰고래가 몇 달 만에 돌고래 휘파람 소리를 흉내 내기 시작했다는 사실도 알려졌다. 2013년에 크림반도에 있는 수족관에 네 살짜리 흰고래가 새로 이송되어왔는데, 처음엔 자신의 언어 때문에 큰돌고래들과 소통하지 못하다가 몇 달 만에 큰돌고래들의 휘파람 소리를 흉내 내기 시작했으며 자신이 원래 사용하던 소리는 내지 않게 되었다고 한다. 연구자들은 90시간 분량의 흰고래 언어 데이터를 녹음해서 분석한 결과 큰돌고래들과 소통이 가능했다고 결론 내리고, 이를 서로 다른 동물 종 간의 언어소통이 가능한 사례로

제시했다.

사실 2000년대 초반부터 이미 거울 실험과 비인간 인격체 연구를 통해 대뇌피질이 발달되어 있는 돌고래는 자의식을 갖고 있고, 복잡한 언어 능력이 있으며, 감정을 표현할 것으로 예상되었다. 다층적인 사회관계를 이루고 무리 생활을 하는 이들에게는 언어 소통이 반드시 필요할 테니 말이다. 최근 들어 연구자들은 더 구체적인 언어학적 방법으로 돌고래의 언어를 분석하기 시작했다. 일본 도카이대학 연구팀이 흰고래가 울음소리와 문자 그리고 사물을 한 세트로 이해하고 기억한다는 사실을 밝혀냈다. 하나의 사물을 문자와 소리로 연관시켜 이해한다는 것인데, 돌고래 역시 사람과 같은 과정을 거쳐 사물의 이름을 외우고 사람에 가까운 언어 능력을 갖고 있음을 보여준 것이다.

북미 태평양 연안에서 범고래 무리를 연구하는 켄 밸컴 박사는 바닷가에 있는 자신의 연구실에서 수중 마이크를 항상 들으며 접근하는 범고래 무리를 구별해낸다. 고양이처럼 야옹거리는 소리를 내는 무리가 있는가 하면 자동차 경적 소리, 찡얼찡얼하는 소리, 휘파람 소리, 으윽 하는 소리 등이 모두 무리에 따라 다르다고 한다.* 이렇게 서로 다른 음향 씨족 고래들은 넓은 지역에 걸쳐 서식처가 겹치긴 하지만 이웃 공동체와의 교류는 하지 않고 독자적인 문화를 이루며 살아간다.

* 《소리와 몸짓》, 칼 사피나 지음, 김병화 옮김, 돌베개, 2017.

같은 범고래인데 먹이도 다르다. 바다사자를 먹는 집단, 연어 등 물고기만 먹는 집단, 다른 돌고래류를 사냥하는 범고래 집단이 완전히 구별된다. 수십 년간 관찰한 결과 이들은 자신의 공동체가 아니면 짝짓기도 하지 않기 때문에 결국 범고래 집단끼리 상이한 언어와 상이한 문화를 가진 것으로 결론을 내린 것이다.

최근 과학자들이 2021년까지 돌고래 언어를 해독하려는 목표를 세워 화제가 되었다. 스웨덴 컴퓨터과학연구소에서 창립한 '가바가이 AB'라는 스타트업이 인공지능 기술을 발전시켜 돌고래의 언어를 통역해내려는 야심찬 계획을 잡은 것이다. 기본적으로 돌고래의 언어가 인간의 언어와 비슷한 체계를 갖고 있기 때문에 가능한 일이다. 관건은 충분한 돌고래 언어 데이터를 확보하는 것이다. 지금 이 순간에도 인공지능이 돌고래들의 언어를 분석하고 있을 것이라 생각하니 갑자기 미래에 와 있는 기분이다. 인간과 돌고래가 서로 언어를 이해하고 소통할 수 있는 날이 빨리 다가왔으면 좋겠다.

돌고래들은
어떻게 새끼에게 젖을 먹일까

지금까지 국내 수족관에서 돌고래의 출산이 여러 차례 보고되었다. 이 소식을 듣고서 돌고래들은 어떻게 새끼에게 젖을 먹일까 궁금증을 갖게 되었다. 돌고래들은 쉬지 않고 이동한다. 휴식을 취할 때나 잠을 잘 때에도 천천히 이동한다. 돌고래들은 물속에서, 그것도 끊임없이 헤엄치면서 어떻게 수유를 할까? 사람은 입술이 있기 때문에 엄마 젖을 물고 빨아먹지만, 돌고래는 입술도 없는데 어떻게 수중에서 젖을 먹는다는 말인가? 행여나 젖이 물속으로 퍼져버리지나 않을까? 갓 태어난 새끼가 젖을 먹으려다 바닷물만 들이키지 않을까? 특히 부리가 돌출된 일반 돌고래와는 달리 머리 부분이 뭉툭한 향유고래 같은 경우에는 구조상 젖을 빠는 것이 불가능해 보이는데, 어떻게 수유가 이뤄질까? 갑자기 궁금해졌다.

돌고래는 보통 12개월의 임신 기간을 거치는데, 새끼 돌고래는 바로 헤엄을 칠 수 있을 정도로 충분히 성숙한 뒤 태어나게 된다. 새끼가 태어나면 어미가 수면 위로 밀어 올려주고 호흡을 도와준다. 그다음에 이제 어미의 젖을 찾기 시작한다.

연구자들이 돌고래의 젖을 알아보기 위해 살아 있는 암컷 수족관 큰돌고래의 유선을 통해 샘플을 얻었다. 갓 짜낸 돌고래의 젖은 약간 노란색이 도는 흰색이고, 매우 진하며, 생선 냄새가 나고, 기름진 맛이라고 한다. 돌고래의 젖은 지방과 단백질 성분이 다른 포유류의 젖보다 훨씬 풍부하다. 지방은 리터당 108~180그램, 단백질은 리터당 94~111그램이 포함되어 있다. 보통 우유에 리터당 약 33그램의 단백질이 들어 있다고 하니 돌고래 젖에는 세 배가량 단백질이 풍부한 셈이다. 이렇게 풍부한 영양분이 함유된 젖을 먹고 고래류 새끼들은 빠른 속도로 몸을 불려간다.

돌고래의 배 부분을 본 사람은 아마 많지 않을 것이다. 돌고래의 생식기와 젖은 평소에는 표피 안으로 들어가 감춰져 있다. 아마도 빠른 속도로 물살을 가르며 헤엄치기 위해서 몸이 유선형으로 변화하면서 나타난 현상으로 보인다. 과학자들에 의하면 새끼는 어미 젖꼭지가 감춰진 틈을 찾아내 주둥이를 갖다 대고 그 안으로 혀를 밀어넣는다고 한다. 새끼의 혀에 의해 자극을 받은 어미의 젖꼭지는 바깥으로 돌출되기 시작하는데, 비밀은 새끼 돌고

어미와 새끼 돌고래. 새끼는 생후 2년까지 모유를 먹지만 수중에서 이뤄져 보기 어렵다.
© Eilat, Dolphin reef

래의 혀가 말거나 접을 수 있을 정도로 신축성이 뛰어나다는 것에 있다. 이 혀는 어미의 젖꼭지 주변을 말아서 젖이 새지 않도록 일종의 진공 상태를 만든다.

또한 돌고래 혀 주변에는 미세한 돌기가 나 있는데, 그 돌기들이 일종의 지퍼처럼 잠궈지면서 젖꼭지를 움켜쥐는 형태를 띠게 된다. 그러면 어미는 새끼가 먹도록 젖을 쏘아주는데, 매우 진하고 칼슘 등 영양분이 풍부해서 새끼는 그 젖을 먹으며 쑥쑥 자라게 된다. 이런 수유는 한 번에 몇 초 정도밖에 지속되지 않으며, 새끼는 보통 한 시간에 네 번 정도 젖을 빤다고 한다.

새끼와 어미 모두 앞으로 헤엄치며 수유를 하는데, 가끔은 어미 돌고래가 새끼를 위해 수면에서 가까운 위치에서 수유 자세를 잡기도 한다. 제주 바다의 야생 남방큰돌고래들을 자세히 살펴보면 어미와 새끼 돌고래가 같이 유영하는 모습을 자주 관찰할 수 있다. 보통 새끼는 생후 2년까지 모유를 먹는다고 하는데, 수유가 대부분 수중에서 이뤄지기 때문에 우리가 육상에서 제주 돌고래들을 관찰할 때는 수유하는 모습을 보기는 어렵다. 다만 크기가 매우 작고 귀여운 새끼 돌고래가 어미 돌고래 몇 마리 옆에 착 달라붙어서 거친 물살을 헤엄치며 나아가는 모습을 보면 저절로 감탄이 나온다.

돌고래들은 여러 마리의 어미와 새끼가 한 무리를 이루고 공동육아를 하는 것으로 알려져 있다. 제주 남방큰돌고래도 마찬가지여서 서귀포시 대정읍 일대에서는 태어난 새끼 돌고래를 연중 관찰할 수 있다.

국내 수족관에서도 새끼 돌고래가 여럿 태어났다. 제주 퍼시픽랜드에서 2008년 태어난 혼종 돌고래 '똘이'와 2015년 태어난 '바다'가 여전히 바다를 한 번도 보지 못한 채 좁은 수조에서 서커스를 펼치고 있다. 2017년 6월 13일 울산 장생포 고래생태체험관에서는 암컷 큰돌고래 장꽃분이 수컷 새끼 돌고래 '고장수'를 출산했다. 장꽃분이 세 번째로 출산한 새끼 고장수는 생후 2년간 죽지 않고 생존해 울산 장생포에서 곧 돌고래 쇼 데뷔를 앞두고 있다.

수족관의 돌고래 번식은 많은 경우 새끼 돌고래의 폐사로 이어진다. 그러므로 고래류의 수족관 번식은 용인되어서는 안 될 것이다. 하지만 기왕 태어난 새끼 돌고래가 건강하게 자랐으면 한다. 훗날 수족관 돌고래 쇼가 모두 중단되면 이 돌고래들도 넓은 바다로 돌아갈 수 있도록 해야 한다.

전설 속으로 사라질 수도 있는
민물 돌고래

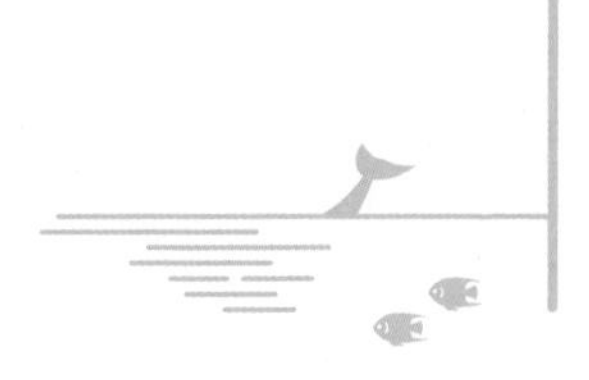

서울 시내를 흐르는 한강에서 돌고래의 일종인 상괭이가 몇 차례 발견되어 사람들이 깜짝 놀란 일이 있었다. 비록 죽은 채로 발견되었지만 먼바다에서만 사는 줄 알았던 돌고래가 내가 사는 곳 가까이 오기도 한다는 사실이 놀랍기도 했을 것이다. 그런데 이게 흔한 일은 아니다. 한강 하구는 바다와 연결되어 있고, 비무장지대라는 특성상 덜 개발되고 생태계가 덜 오염되어 있어서 서해안에 사는 토종 돌고래 상괭이가 출몰할 가능성이 있다. 그렇다 해도 하구에서 조금만 들어와도 이미 수중보 때문에 들어오고 나가기가 자유롭지 않고 도시가 있어서 상괭이를 한강에서 보기는 쉽지 않으므로 실은 흔한 일이 아니다.

상괭이처럼 바다에 사는 돌고래가 강 하구로 들어오는 경우와는 달리 아예 민물인 강에서만 사는 돌고래도 있다. 민물에 사는 대형 고래는 존재하지 않는데, 아마도 몸집이 작고 물고기를 직접 사냥해 먹을 수 있는 긴 부리와 이빨을 가진 돌고래류가 강의 생태계에서 생존에 더 적합했기 때문으로 보인다. 민물 돌고래는 아마존강, 갠지스강, 양쯔강, 메콩강, 인더스강 등에서 몇 종류가 살아가고 있다.

최근에도 가끔 양쯔강에서 돌고래를 보았다고 하는 뉴스가 보도되는데, 양쯔강에는 민물에 적응한 상괭이가 약 1,000마리 살고 있지만 개체수가 급감하고 있다. 원래 양쯔강의 강돌고래로 알려졌던 '장강의 여신' 바이지는 이제 더는 볼 수가 없다. 환경오염 등으로 인한 서식지 파괴와 인간에 의한 포획 그리고 잦은 선박 운행이 주는 스트레스, 대규모 싼샤댐 건설에서 비롯된 생태계 단절 등의 이유로 2007년 멸종이 선언되었기 때문이다. 문제는 다른 강돌고래들도 바이지와 같은 위협에 시달리고 있다는 것이다.

중국의 전철을 밟지 않기 위해 인도는 비하르주 갠지스강 유역 50킬로미터에 비크람쉴라 돌고래 보호구역을 만들었다. 인도의 강돌고래는 갠지스강돌고래와 인더스강돌고래가 있는데, 개체가 몇백 마리 정도밖에 남지 않은 것으로 추산된다. 갠지스강돌고래 가운데 절반이 비크람쉴라 보호구역에서 살아가는 것으로 알

(위) 몇백 마리 정도만 남은 인도의 민물 돌고래인 갠지스강돌고래. © NOAA
(아래) 메콩강에 사는 이라와디돌고래. © Stefan Brending, Lizenz Creative Commons

려져 있다. 공장지대와 가정에서 나오는 폐수가 그대로 강으로 흘러가 오염을 일으키며 강돌고래의 개체수가 줄어들자 인도 정부는 갠지스강돌고래를 2009년부터 국가를 대표하는 수중동물로 지정하여 보호하기 시작했다.

인도차이나반도를 관통해 흐르는 메콩강에도 이라와디돌고래가 80마리 정도 살고 있다. 캄보디아의 크라티에에서 라오스와 국경을 이루는 콩 폭포에 이르는 약 190킬로미터의 메콩강 일대가 이들의 주요 서식처다. 이 일대에만 강돌고래가 사는 이유는 오염되지 않은 깨끗한 민물이 지속적으로 공급되고 있으며, 비교적 먹이가 풍부하고, 난개발 등으로 인한 강의 생태계가 인위적으로 파괴되지 않은 곳이기 때문이다. 돌고래들을 보러 관광객들이 오기 시작하자 지역 주민들은 생태관광을 통해 돌고래 보호에 나서고 있다. 하지만 생태관광의 약속마저 제대로 지켜지지 않아 메콩강의 이라와디돌고래들은 자연 상태에서 종의 지속적인 유지가 불가능한 상태에 다다르고 말았다.

아마존강 유역에 사는 강돌고래는 브라질 사람들이 부르는 '보투Boto'라는 이름으로 알려져 있는데, 이른바 분홍돌고래로 유명하다. 강돌고래 중에서 크기가 가장 크고, 부리가 길며, 등의 푸른색과 몸통의 회색 그리고 배 부위의 분홍색이 신비롭게 조화를 이루고 있어서 많은 전설이 만들어진 돌고래다. 보투가 밤이면 미남으로 변신해 여성들을 유혹하여 마법의 수중세계로 인도한다는 전설이 대표적이다. 말하자면 남성형 인어 전설인 셈이다. 보투는 호기심이 많고 장난도 잘 치며 느닷없이 배에 다가오기도 하는 것으로 알려져 있다.

아마존강에는 작은 회색 꼬마돌고래 '투쿠시Tucuxi'도 살고 있다. 보투와 투쿠시는 전혀 다른 종이며 성격도 전혀 다르다. 보투가 대담하고 예측이 불가능하다면, 흔히 보이는 큰돌고래와 비슷하게 생긴 투쿠시는 바다 돌고래처럼 약간 멀리 떨어져서 신나게

아마존강돌고래인 분홍돌고래 보투. 아마존 강에는 강돌고래가 여러 종 살고 있다.

도약하는 것을 즐기며 인간과는 거리를 둔다.*

2014년 1월, 아마존에서 새로운 종의 강돌고래가 발견되었다는 소식이 전해졌다. 등 색깔이 푸른색을 띠고 있는 게 특징이다. 오랫동안 아마존강의 지류에 고립돼 살면서 유전자 변이로 인해 새로운 종으로 진화한 것으로 보인다. 아마존강 유역에 살고 있는 돌고래들은 모두 개체수가 많지 않아 멸종위기에 처해 있다. 그럼에도 2015년에만 볼리비아에선 아마존 분홍돌고래 160마리가 밀렵으로 죽어갔고, 2016년에도 불법포획으로 45마리가 밀렵꾼에 희생됐다. 지역 어민들이 분홍돌고래를 잡아서 그 고기를 메기 낚시의 미끼로 사용한다는 것이다. 내륙국가인 볼리비아에서 돌고래를 볼 수 있는 기회는 흔치 않은데, 그럼에도 제대로 보호되지

• 《아마존의 신비, 분홍돌고래를 만나다》, 사이 몽고메리 지음, 승영조 옮김, 돌베개, 2003.

못하는 듯하다.

바다에 살거나 민물에 살거나 대부분의 돌고래들은 생존의 위기에 놓여 있다. 그중에서도 민물 돌고래들은 정말 얼마 남아 있지 않다. 오래전 육지에서 살다가 바다로 내려간 돌고래 가운데, 다시 민물에 적응해 살아가는 이 소수의 친구들이 전설로만 남지 않고 계속해서 우리 옆에서 살아가면 참 좋겠다. 수문이나 보, 댐이 없어지고 강의 생태계가 살아나 우리 강에서도 상괭이 같은 돌고래들을 이전보다 자주 보게 된다면 참 좋겠다.

바다 생태계를 위한 보석,
고래 배설물

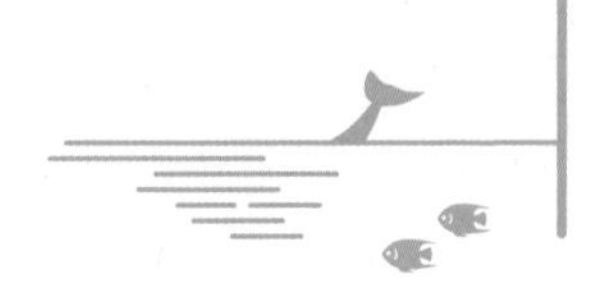

야생 돌고래를 관찰하다 목이 말라 물을 마시면서 문득 한 가지 궁금증이 생겨났다. 바다에 사는 고래류는 어떻게 수분을 흡수할까? 그러니까 포유류인 고래도 인간처럼 체내에 수분이 필요할 것이고, 바닷물은 마시면 탈수 현상이 발생할 텐데 고래와 돌고래들은 바닷속에 살면서 탈수 증상 없이 어떻게 수분을 흡수하며 살까 궁금해진 것이다. 목이 마르면 민물을 마셔야 하는 것은 육상 척추동물의 숙명이다. 평생을 바다에서 사는 대부분의 고래류는 민물을 마시지 못할 텐데, 그렇다면 수분을 어떻게 보충하는 것일까?

답은 먹이에 있다. 고래류의 먹이 활동을 잘 살펴보면 이들은 식사를 할 때 짠물을 들이키지 않고 먹이만 먹는다. 대형 고래류는 보통 큰 입에 한 가득 먹이와 바닷물을 머금은 뒤 여과지 역할을 하는 수염을 통해 바닷물을 모두 걸러보내고 입 속에 남은 먹이만 삼킨다. 밍크고래의 주 먹이는 멸치, 꽁치, 새우 등인데 작은 새우 등을 한 움큼 들이킨 뒤 바닷물을 내보내고 남은 먹이를 먹으며 영양분과 함께 수분까지 보충하는 것이다. 이빨을 사용해 먹이를 잡는 돌고래류는 이빨로 문 먹이만 삼켜 수분을 섭취한다. 물론 육상에 올라와 생활하는 바다사자나 물범 같은 기각류에서는 수분을 보충하러 가끔 얼음이나 눈을 먹는 모습이 관찰된다. 하지만 고래류는 직접 물을 마심으로써 수분을 얻는 것이 아니라 먹이를 소화함으로써 필요한 수분을 공급받는다.

살아 있는 먹이를 먹는 야생 고래류와는 달린 수족관 돌고래들은 냉동 생선을 받아먹는다. 생선은 냉동 과정에서 필연적으로 수분이 증발한다. 잡힌 지 오래된 냉동 열빙어, 냉동 청어, 냉동 고등어 등만 먹는 수족관 돌고래들에게는 부족한 수분을 채우기 위해 인공적인 수분 공급이 필요하다. 그래서 때로 조련사들이 쇼 돌고래들에게 물을 먹이는 모습도 관찰된다.

들어가는 것에도 비밀이 있듯 나오는 것에도 비밀이 숨어 있다. 첫 번째 비밀. 고래의 소변은 바닷물보다 짜다.

아무리 그래도 고래들이 물속에서 먹이를 먹다 보면 바닷물을 마시지 않을 수 없다. 이렇게 고래 체내에 들어간 바닷물은 소화 과정에서 수분은 흡수되고, 걸러지고 남은 염분이 오줌의 형

알래스카 스캐그웨이 박물관의 용연향. 고래의 분변은 해양생태계의 균형을 맞춰주고 있다. © Oma teos, commons.wikimedia.org

태로 몸 밖으로 배출된다. 해양동물의 오줌이 바닷물보다 염도가 높은 이유가 여기에 있다. 바다사자의 오줌은 해수보다 염도가 두 배 이상 높다고 한다. 야생동물 학자들은 이런 '분뇨'에서 귀중한 연구 자료를 많이 얻는다. 일반적으로 고래의 분변을 통해 DNA를 확보할 수 있고, 먹이 종류를 판별할 수 있으며, 개체의 건강 상태를 확인하기도 한다.

돌고래 생태를 관찰하고 및 야생 돌고래와 함께 헤엄을 칠 수 있는 섬으로 널리 알려진 일본의 미쿠라지마에서는 인근에 사는 남방큰돌고래들의 가계도는 물론이고 DNA까지 모두 확보하고 있다고 한다. 어떤 돌고래가 누구에게서 태어났는지 족보를 그려 놓고 있는데, 이를 뒷받침하는 DNA 정보까지 몽땅 갖고 있는 것이다. DNA 정보를 어떻게 확보했을까? 해양동물생태보전연구소 MARC를 만들어 제주 남방큰돌고래를 연구하고 있는 교토대 야생

동물연구센터 김미연 연구원에 따르면 미쿠라지마는 돌고래별로 분변을 세심하게 채집해서 DNA를 확보한다고 한다.

확실히 한국보다 고래류 연구 역사가 오래된 나라들에서는 기발한 방법으로 다양한 연구를 진행한다. 러시아 캄차카반도에서 귀신고래를 연구하는 해양포유류 전문가이자 수의사인 타냐 씨가 2017년 여름 한국을 방문했다. 제주 남방큰돌고래 금등이와 대포의 야생방류 훈련 과정을 지켜보기 위해서였다. 타냐 씨는 우리에게 개체수가 얼마 남지 않은 귀신고래를 연구하기 위해 가장 중요한 것은 직접 생체정보를 얻는 것이라고 말해주었다.

귀신고래의 생체정보는 어떻게 얻는 것일까. 설마 귀신고래도 똥을 채집하는 것일까? 그건 아니고 배를 타고 나가서 조심스럽게 기다리다가 귀신고래가 숨을 쉴 때 분기공에서 뿜어져 나오는 콧물 같은 액체를 세심하게 채집한다고 한다. 귀신고래는 몸집이 16미터에 이르는데, 숨을 내쉴 때도 그 힘이 어마어마해서 50미터 바깥에서도 뿜어낸 가스를 채집할 수 있다는 것이다. 이렇게 얻은 시료를 배양해서 귀신고래의 질병을 일으키는 병원균까지 알아낸다. 이에 비하면 아직까지 한국은 주로 고래류를 눈으로 보고 관찰하는 목시조사 방법에 머무르고 있다.

두 번째 비밀은 딱딱한 똥과 물 같은 똥에 있다.

고래의 분변을 분석하면 먹이가 무엇인지 알 수도 있다. 미국 서북부 워싱턴주와 캐나다 브리티시컬럼비아 지역에서 거주하는 범고래 연구자들은 분변을 분석해서 이들의 주 먹이가 연어임을 알아냈다. 한국에서는 고래류의 먹이를 확인하는 방법으로 주로 죽은 채 발견된 고래 사체를 해부하는 방식을 사용한다. 위를 열어보면 소화되지 않은 물고기 등을 쉽게 알아낼 수 있기 때문이다. 흥미롭게도 고래의 분변은 건강 상태를 판단하는 지표가 되기도 한다. 건강한 돌고래는 액상 형태의 똥을 싸는데, 건강에 문제가 생길 경우 변이 딱딱해진다는 것이다.

수족관에서 쇼를 하던 돌고래들을 고향인 바다로 돌려보내는 과정에서 연구자들과 사육사들은 자연 적응용 가두리 안에서 돌고래들이 배설하는 모습까지 수중 카메라를 통해 유심히 지켜보았다. 제주 남방큰돌고래 다큐멘터리를 만든 이정준 감독은 수중 배설물 형태를 보며 그날그날 돌고래들의 건강 상태를 확인하곤 했다.

세 번째 비밀. 고래의 똥은 지구의 자양분이다.

고래의 분변 중에서 가장 값비싼 것은 향유고래에서 나오는 용연향이다. 딱딱한 돌처럼 생겼는데 특유의 냄새를 알코올에 녹여 천연 향수 원료로 사용한다. 매우 희귀해서 부르는 게 값일 정도다. 하지만 지구의 70퍼센트를 차지하는 바다의 생태계를 위해서 더 중요한 것은 고래 배설물 그 자체다. 고래는 배설을 통해 다량의 질소와 인을 바다에 방출한다. 바다에 인이 공급되어야 해조류가 번성할 수 있게 된다. 물고기의 먹이가 되는 식물성 플랑크톤도 고래 배설물에서 나온 철분이 반드시 있어야 증식할 수 있다. 식물성 플랑크톤은 대기 중의 이산화탄소를 다량 흡수하기 때문에 지구온난화를 막아주기도 한다.

우리는 이제 고래 똥이 사실은 영양분임을 알게 되었다. 이것이야말로 가장 흥미롭고 신비로운 순환이 아닐까. 그런데 대부분의 고래류가 멸종하게 되면서 해양생태계의 균형을 맞춰온 이 순환이 깨지고 있다. 바다에 고래가 살아야 할 또 하나의 이유가 여기에 있다.

신비로운 바닷속

고래의 소리를 찾아서

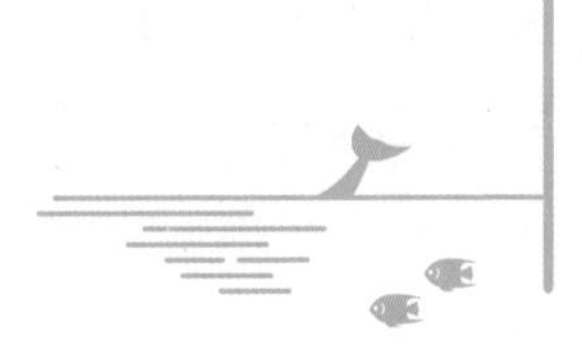

사람들이 까르르 즐거운 비명을 지를 때 돌고래 소리 같다고 한다. 귀를 찢는 듯한 날카로운 고음을 내기 위해 가수들은 '돌고래 창법'을 연습하지만 쉽지는 않다. 인간의 발성기관과 돌고래의 발성기관이 다르기 때문이다. 인간은 목구멍 안의 성대를 움직여 소리를 내는데 돌고래는 분기공 아래 공기주머니들이 있어서 그 공기들을 조절해 딱딱거리는 클릭 소리를 비롯해 초고음의 휘파람 소리와 재잘거리는 소리 등 다양한 소리를 만들어낸다. 하지만 육상에서만 관찰하면 돌고래들이 내는 소리를 제대로 들을 수 없다. 물속으로 들어가 수중 마이크를 통해 들어야 비로소 돌고래들이 얼마나 시끄러운 친구들인가 알 수 있다.

그렇다면 세상에서 가장 시끄러운 생물은 누구일까?

답은 대왕고래다. 예전 명칭인 흰수염고래 또는 흰긴수염고래로 더 잘 알려진 이들은 현재 지구에서 가장 큰 동물이다. 최대 30미터에 달하는 몸집에 180톤에 이르는 거대한 몸무게에서 나오는 소리는 무려 188데시벨에 이른다. 여름철 매미가 내는 소음이 80데시벨이고, 100데시벨은 기차 소리, 120데시벨은 비행기 소리라고 하니 대왕고래는 인간이 견딜 수 없는 수준의 소리를 내고 있는 것이다. 왜 이런 정도로 소리를 낼까?

고래들은 소통을 위해서도 소리를 사용하지만, 해저 지형과 먹이, 장애물 등을 파악하기 위해서도 소리를 사용한다. 즉 바닷속에서 강한 소리를 통해 보고 듣는 것이다. 연구 결과에 따르면 놀랍게도 대왕고래는 700킬로미터 이상 떨어진 개체들과도 이 시끄러운 소리를 보내 서로 소통한다고 한다. 이를테면 서울에서 음파를 보내면 부산에 있는 대왕고래가 답변을 하는 식이다. 남극해처럼 장애물이 없고, 신호를 교란할 수 있는 선박 등이 없다면 이렇게 먼 거리까지 소리를 보내 정보를 주고받을 수 있다니 놀랍기만 하다.

북극 바다의 카나리아라고 불리는 흰고래 벨루가도 무척 시끄러운 축에 속한다. 소리 내기 좋아하는 이들의 습성을 이용해 한국의 일부 수족관에서는 벨루가를 조련시켜 관광객들이 찾아오면 합창을 시키기도 한다. 까마귀 소리 같기도 하고, 돼지 소리 같기도 한 벨루가의 합창은 귀가 따가웠다. 아름다워야 할 고래의 노래 소리가 소음에 가깝게 들렸다. 아마도 좁은 수조에 반사되어서 울리는 자신의 소리 때문에 벨루가들도 곤혹스럽지 않을까?

야생의 벨루가는 사람이 흥얼거리는 노래 또는 휘파람 소리를 내기도 해서 관심이 집중되었다. 지금까지 다양한 고래의 노래를 채집했는데 벨루가는 90여 종의 고래류 가운데 사람의 언어와 가장 비슷한 소리를 내는 것으로 알려져 있다. 야생 벨루가들이 뚜루랄라 하는 부르는 콧노래를 들으면 정말이지 사람 소리인지 고래 소리인지 헷갈릴 정도다.

고래의 소리 가운데 가장 유명한 것은 역시 해양생물학자 로저 페인이 녹음해 발표한 '혹등고래의 노래'일 것이다. 2017년은 그가 처음 혹등고래의 노랫소리를 들은 지 50년이 되는 해여서 고래의 노랫소리가 다시 주목받기도 했다. 로저 페인 박사는 1967년 말 처음으로 심해에서 혹등고래가 마치 노래를 부르는 것처럼 내는 아름다운 소리를 듣게 되었고, 깜짝 놀라서 몇 년간 계속 수중 마이크를 들고 다가가 노래를 녹음했다.

혹등고래가 거대한 고래여서 처음에는 그 폭발적인 소리에 자신이 터져 죽지 않을까 싶기도 했는데, 그렇게 힘들게 얻은 소리를 분석해보니 이것이 단지 아름다운 음악소리일 뿐만 아니라 복잡한 체계의 언어라는 사실을 알아냈다. 힙합의 절묘한 라임과 같은 운율이 혹등고래의 노래에서 반복적으로 나타났고, 수천 가지

아름다운 노래로 된 언어를 사용해 서로 대화하는 혹등고래.

이상의 언어를 통해 혹등고래는 다른 개체들과 서로 소통하고 교류하는 노래를 부른다고 한다.

이렇게 모은 소리는 마침내 1970년 음반 『혹등고래의 노래』로 발표되었고, 세계적으로 고래 보호 운동을 일으킨 촉매가 된다. 사람들은 혹등고래가 바이올린이나 첼로 같은 악기 소리부터 호소하거나 신음하는 듯한 뱃고동 같은 소리, 코러스 이펙터를 건 듯한 메아리 소리까지 낼 수 있다는 것을 알게 되었으며, 정말 한 종류의 고래가 내는 소리가 맞나 싶을 정도로 다양한 소리를 낸다는 것을 알고는 고래 보호 운동에 적극적으로 나서기 시작했다고 페인 박사는 인터뷰에서 밝히기도 했다. 연구가 축적되면서 혹등고래의 노래는 주로 짝짓기 철에 수컷이 내는 소리였다는 점이 밝혀졌다. 혹등고래 역시 다른 종의 수컷들처럼 자신의 매력을 뽐

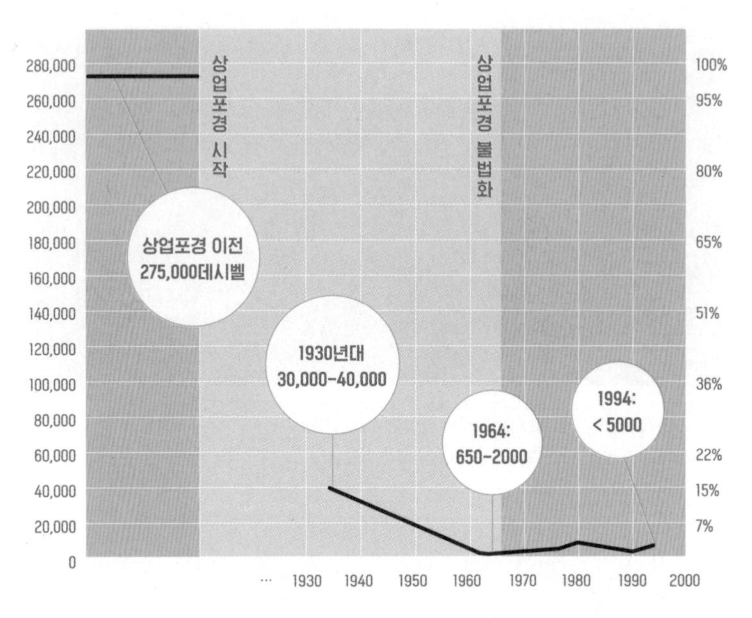

대왕고래 소리의 데시벨 변화. 19세기 초 상업포경이 시작된 후 대왕고래는 데시벨을 매우 줄였다.

내기 위해서 다양한 발성을 통해 아름다운 노래를 부르는 것이 아닐까?

새마다 지저귀는 소리가 다르듯 고래들도 종마다 내는 소리가 모두 다르다. 대왕고래는 낮은 주파수로 길게 우우우우웅 하는 소리를 내기도 하고, 짧고 일정한 간격으로 웅/웅/웅/웅/웅 하는 소리를 내기도 한다. 돌고래는 이름 대신 자신만의 음파를 갖고 있다. 바닷속에서 어떤 주파수로 소리를 내면 누구인지 돌고래들은 서로 아는 것이다. 돌고래마다 가진 독특한 주파수는 자신의 정체성과도 같아서 새로 태어난 새끼 돌고래는 이 주파수를 갖지 않고 있지만 바다에서 생활해가면서 점점 자신만의 주파수 음파를 만들어낸다고 한다. 한 연구에 의하면 헤어진 지 20년이 지나도 돌고래들은 이 독특한 주파수를 통해 상대방을 기억하고 있었다 하니 놀랍다.

해외 연구자들은 남방큰돌고래들이 약 40킬로미터 떨어진 개체들과 음파를 통해 서로 소식을 주고받을 수 있다고 한다. 제주 남방큰돌고래도 이와 비슷할 것이다. 제주 바다에 돌고래들의 소통을 방해할 해상 구조물이나 거대 선박 등이 전혀 없다고 한다면 돌고래들은 어떻게 대화를 하게 될까? 서귀포 모슬포에서 돌고래가 신호를 보내면 제주시에 있는 돌고래가 답변을 하고, 성산포와 서귀포시의 돌고래들도 서로 인터넷이나 핸드폰이 없어도 소통할 수 있을 것이다.

40킬로미터까지는 아니어도 제주 남방큰돌고래들도 상당히 먼 거리까지 음파신호를 보내는 것은 분명해 보인다. 그래서 대정읍 앞바다에 먹이가 많다는 신호가 전해지면 평소에는 잘 보이지 않던 돌고래들이 일제히 모여들어 먹이 활동을 하는 것이다. 돌고래들은 먼 곳에 떨어져 지내다가 필요에 따라 소리를 통해 소통하며 자유롭게 모이고 흩어지기를 반복한다.

이렇듯 소리는 고래들에게 매우 중요하다. 그런데 안타깝게도 해마다 청각 상실로 해변에 떠밀려와 죽는 고래들이 많다. 고래에게 가장 위협적인 소리는 해군 전함의 음파탐지기(소나)에서 나온다. 미 해군의 연구 결과, 태평양 지역에서 해마다 25만 마리의 고래류가 일시적이거나 영구적인 청각 손상으로 영향을 받거나 죽어가는 것으로 조사되었다. 해군 훈련은 고래 서식처 인근에서는 실시하지 않아야 한다.

음파탐지기 이외에도 선박의 운항이 증가함에 따라 엔진 소리가 바다에서 소음공해를 일으키고 있다. 이외에도 수중폭탄 같은 무기와 석유가스 탐사용 산업장비 등도 바닷속 소음을 일으킨다. 기계 소음으로 가득한 바다에서 고래들이 잘 살아갈 수 있을까? 선박의 굉음보다 아름다운 고래의 노랫소리가 들려오는 바다가 되었으면 좋겠다.

자유와 해방의 몸짓,
감탄 자아내는 돌고래의 점프

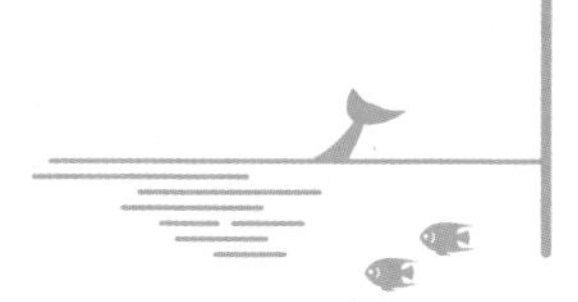

사람들은 돌고래의 점프에 환호한다. 제주도 해안가에서 남방큰돌고래를 관찰하다 보면 공중으로 뛰어오르는 돌고래들을 자주 볼 수 있다. 바로 옆에서 돌고래가 지나가는 것을 모르는 사람들도 있지만, 바다에서 돌고래들이 헤엄치는 모습을 한 번이라도 본 사람들은 금세 알아차린다. 그리고 돌고래들이 뛰어오를 때면 탄성을 지른다. 왜일까? 모습이 귀엽기도 하지만 아마도 수면 위를 박차고 높이 솟구쳐 오른 돌고래가 강한 생명력을 보여주기 때문일 것이다.

고래가 점프한다고 하면 아마 많은 이들은 영화 『프리윌리』에서 보았던 범고래 윌리를 떠올릴 것이다. 인간이 만들어놓은 장벽을 넘어 마침내 자유를 찾아 도약하는 윌리. '내가 저 높은 담장을 뛰어넘을 수 있을까' 회의하던 그는 사람들의 응원에 힘입어 마침내 용기를 낸다. 그러고는 수조를 탈출해 드넓은 바다로 나간다. 거대한 몸집의 범고래가 하늘을 날아 바다로 가는 이 영화의 마지막 장면은 널리 알려진 포스터를 통해 우리에게 뚜렷이 각인되어 있다.

윌리의 실제 주인공인 범고래 케이코가 살았던 멕시코의 돌고래 수족관은 2017년 8월 멕시코시티 의회가 만장일치로 내린 해양포유류 상업적 이용 금지 결정에 의해 폐쇄되었다. 이제 멕시코시티에서 돌고래 공연장은 없어졌다. 이렇듯 돌고래의 점프는 족쇄를 부수고 넓은 바다를 향해, 즉 궁극적인 자유와 해방을 찾아가는 몸짓을 보여주는 상징이 되었다.

그렇다면 돌고래들은 왜 점프를 할까? 여러 가지 설명이 있다. 보통은 돌고래 무리가 빠른 속도로 이동할 때 수면 위로 점프하는 것은 이동하는 데 드는 힘을 아끼기 위한 것으로 본다. 물속보다는 공기 중에서 저항이 적기 때문에 같은 에너지로 더 멀리 이동할 수 있다. 적게는 몇백 마리에서 많게는 1,000마리 이상이 모여 빠른 속도로 이동하는 동해안의 참돌고래 무리의 날렵하게 점프하는 모습은 장관이다.

돌고래는 음파를 사용해 사물을 인지하고 지형을 탐지하며 먹이 활동을 하지만 시각 역시 중요한 감각이다. 바다를 헤엄치는 돌고래들이 수면 위로 올라오거나 점프하는 것은 시각을 통해 주

돌고래에게는 시각 역시 중요하다. 점프해서 주변을 살피기 때문이다.
© flavio gasperini, unsplash

변 사물을 인지하기 위해서이기도 하다. 물 위로 올라오면 더 멀리 볼 수 있기 때문이다. 머리를 내밀고 주변을 찬찬히 살펴보는 혹등고래의 행동은 널리 알려져 있다. 또한 고래들은 몸에 붙은 따개비나 기생충 등을 떨어뜨리기 위해 물 위로 올랐다가 내려온다. 수면에 강하게 부딪힐 때의 충격으로 피부에 달라붙어 있던 가려운 것들이 떨어져나가기 때문이다.

그런데 제주 바다에서 돌고래들이 점프할 때의 모습을 보고 있으면, 주변 동료와 의사소통을 하거나 자신의 모습을 드러냄으로써 무엇인가 신호를 통해 알리려는 의도가 있지 않나 생각하게 된다. 또는 그저 즐거워서, 친구들과 장난치기 위해, 몸의 활력을 드러내는 과정에서 점프를 하는 것일 수도 있다.

사실 모든 돌고래가 점프하는 것은 아니다. 주로 아직 성숙하지 않은 돌고래들이 자주 수면 위로 솟구친다. 태어난 지 1년이 채 되지 않은 어린 돌고래들은 아직 음파를 통해 지형과 사물을 인지하는 능력이 부족해서 헤엄칠 때 머리를 드러내고 눈으로 주변을 보며 나아간다. 그래서 사진에 찍힌 돌고래 가운데 얼굴이 나온 개체는 대체로 어린 편이다. 어린 돌고래는 음파를 통한 반향정위echolocation, 즉 고래류 등의 동물이 생물학적 음파를 통해 위치를 알고 지형지물을 파악하는 행동에 아직은 익숙하지 못해 시각에도 많이 의존하는 것 같다. 인간이 말을 배우는 데 시간이 걸리는 것처럼 돌고래 역시 자유자재로 음파 사용을 숙달하는 데 연습과 시간이 필요한 법이다.

어느 정도 자라서 어미와 떨어져 지내기 시작하는 두세 살 이상의 청소년 돌고래들은 그야말로 끓어오르는 에너지를 주체하지 못해서 점프하는 것 같은 광경을 보여준다. 두 마리가 서로 다른 방향으로 동시에 뛰어올라 같은 순간에 물속으로 들어가는 싱크로나이즈드 동작을 보이는가 하면 '봐라. 여기 내가 있다'고 외치는 아우성이 들리는 듯한 점프도 있다. 제주 돌고래들이 선보이는 점프 동작에는 여러 가지가 있다. 앞으로 넘기와 뒤로 넘기는 기본이고 뒤집어 넘기, 비틀어 넘기, 혼자 넘기, 둘이 같은 방향으로 넘기, 둘이 다른 방향으로 넘기, 헤엄치는 친구 타 넘기, 점프하는

자유롭게 점프하고 있는 긴부리돌고래 무리.

친구를 머리로 받아주기까지 펼친다. 가히 점프의 달인이라 불러도 좋을 정도다.

온몸이 공중에 솟구쳐 오른 제주 돌고래들의 사진을 쭉 살펴보면 대개 성체보다는 작고, 아기보다는 약간 큰 중간 크기의 몸집이다. 이 돌고래들에서는 삶의 환희가 느껴진다. 넓은 바다에서 마음껏 살아간다는 사실이 그토록 좋을까? 제주도 해안가에서 청소년 돌고래들이 점프하는 모습을 보는 사람들은 누구나 그 펄떡거리는 활력에 매료되고 만다. 남방큰돌고래 서식처를 모니터링하면서 많은 돌고래들의 사진을 찍고 있지만 돌고래 점프샷은 그 자체로 무엇보다도 전염성이 강해서 나 역시 그 모습을 보며 마음속으로 폴짝폴짝 뛰기도 한다.

돌고래의 도약력은 보통 6미터를 훌쩍 뛰어넘을 정도로 강하다. 인간의 높이뛰기 세계기록보다 두 배 이상 높은 셈이다. 고래들은 대부분 몸통에서 꼬리지느러미로 이어지는 엉덩이 근육이 상당히 발달해 있고, 그 힘을 이용해 앞으로 헤엄쳐가다가 순간적으로 힘을 집중시키면 높은 점프가 가능해진다. 돌고래 쇼가 진행되는 수족관에서 돌고래들이 수면 위로 높이 뛰어올라 공중에 높이 매달린 공을 부리로 치고 내려오는 모습을 볼 수 있다. 수족관 돌고래가 점프하는 이유는 조련사가 시키기 때문인데, 그것은 인위적인 연출에 불과하다. 명령에 따라 움직이는 수동적인 존재에서는 큰 감흥이 느껴지지 않는다.

제주 바닷길을 걷다가 바로 눈앞에서 갑자기 뛰어오르는 돌고래야말로 진심 어린 감동을 준다. 더불어 삶은 위대하다는 깨달음까지도 얻게 된다. 아, 살아 있어서 참 좋구나! 바다는 살아 있는 생태교육의 체험장이다.

3년에 한 번,
귀하디귀한 돌고래의 출산

2018년 4월 호주에서 야생 돌고래가 출산하는 장면이 영상으로 포착되었다. 호주 서부 만두라 지역에서 꾸준하게 돌고래 보호 활동을 벌이던 활동가들이 촬영에 성공했는데, 당시 인근을 지나던 고래 관찰선 승객들도 이 모습을 보았다. 영상에서 산통을 느끼며 수면 근처에서 헤엄치는 어미 돌고래 옆으로 갑자기 조그만 꼬리지느러미가 수면 위로 올라오는 모습을 볼 수 있다. 꼬리부터 빠져나온 새끼 돌고래는 이내 어미 옆에서 헤엄치며 호흡을 하고, 지켜보는 사람들은 환호성을 지른다.

인간의 출산과는 달리 돌고래가 꼬리부터 출산하는 데에는 무슨 이유가 있을까? 과학자들은 익사를 막기 위해서라고 설명한다. 새끼 돌고래는 자궁 속에서 12개월을 보내며 충분히 스스로 수영을 할 수 있을 정도의 신체 상태에서 태어나지만 거친 바다에서 호흡을 제대로 하기에는 도움이 필요하다. 그래서 어미는 새끼의 호흡을 돕기 위해 수면 위로 올려주고, 모유 수유를 하며 깊이 가라앉지 않도록 세심하게 보살핀다. 만약 인간처럼 머리부터 태어난다면 바로 호흡하기 쉽지 않을 수 있다. 또한 꼬리부터 태어나야 출산 직후 어미의 유영 방향을 따라 같은 방향으로 헤엄을 칠 수 있다.

그렇다면 돌고래에게도 배꼽이 있을까? 답은, 있다. 해양포유류인 돌고래 역시 다른 포유류와 마찬가지로 출산 전까지는 탯줄을 통해 어미에게 영양을 공급받으며, 출산과 동시에 탯줄이 끊어지면 바로 어미를 따라 헤엄을 치기 시작한다. 그리고 탯줄이 끊어진 자리에는 배꼽이 남아 있다.

한국에서는 아직 야생 돌고래의 출산 장면이 목격되거나 촬영된 적이 없다. 제주도 인근에서 살아가는 연안 정착형 남방큰돌고래의 경우도 이화여대, 제주대 돌고래 연구팀에서 몇 년간 지속적으로 관찰해오고 있지만, 정작 이들이 제주도 어느 곳에서 출산하는지는 여전히 정확히 알려져 있지 않다. 다만 태어난 지 얼마 안 되는 아기 돌고래들이 어미와 함께 헤엄치는 모습은 서귀포시 대정읍 일대에서 자주 발견된다. 돌고래들은 최대한 사람들이 없고, 개발이 덜 되어 자연환경이 그대로 보전되어 있으며, 비교적 먹이가 풍부한 곳에서 새끼를 낳아 키울 텐데, 현재 제주도에서

복순이와 복순이가 낳은 새끼 돌고래.

그런 곳이 대정 지역 말고는 별로 남아 있지 않은 것이다.

출산한 지 얼마 되지 않은 새끼 남방돌고래들을 자주 볼 수 있기 때문에 이곳이 돌고래들의 육아장소이자 주요 서식지로 주목을 받고 있다. 이곳 대정에서는 삼팔이와 춘삼이 그리고 복순이 등 바다로 돌아온 쇼 돌고래들이 새끼를 낳아 기르는 모습이 주기적으로 목격된다.

남방큰돌고래 삼팔이는 2015년 12월 또는 2016년 1월경에, 그리고 춘삼이는 2016년 6월 말에서 7월 중반에 새끼를 출산한 것으로 보인다고 연구팀은 추정했다. 복순이는 2018년 8월 초 출산한 것으로 여겨진다. 갓 태어난 돌고래들은 자궁 속에서 몸을 웅크리고 출산 전까지 지내기 때문에 몸에 접힌 주름 자국이 여러 줄

남아 있다. 출산 후 1개월 정도가 지나면 '신생아 주름'이 대개 사라지는데 이 주름이 몸에 선명하게 남아 있어 갓 태어난 것으로 보이는 돌고래들이 제주 바다에서 건강하게 살아가고 있다.

인간의 탐욕으로 좁은 수조에 갇혀 돌고래 쇼에 이용되다 천신만고 끝에 자연으로 돌아간 돌고래들이 야생 무리와 성공적으로 합류한 데 이어 출산까지 했는데, 이는 세계 최초 사례다. 쇼 돌고래의 야생 출산은 한국 돌고래 방류 운동사에서 가장 감동적인 순간으로 기록되어 있다. 삼팔이와 춘삼이의 새끼 돌고래는 이제 어미 곁을 떠나 어엿한 청소년으로 자라나고 있을 것이다.

수족관 사육 돌고래의 출산 동영상은 많이 있지만 야생 돌고래가 새끼를 낳는 모습은 관찰된 적이 별로 없다. 왜 그럴까? 돌고래는 임신해도 배가 불룩해진다거나 등의 외형상 변화가 별로 나타나지 않는다. 임신이나 출산의 시기에 포식자의 공격에 취약해질 수 있기 때문에 자신의 약점을 최대한 노출하지 않도록 하는 전략으로 보인다. 그러다 보니 수족관 돌고래의 경우에도 사육사들이 주기적으로 돌고래의 배를 세심하게 관찰하고 행동의 변화를 살펴야 임신 사실을 알게 된다.

돌고래는 출산을 자주 하지 않는다. 일반적으로 3년에 한 번 새끼를 낳는데, 임신 기간 1년에다 수유와 양육하는 기간이 2년 걸리기 때문이다. 인간에게도 삶에 있어서 가장 에너지가 많이 드는 일이 임신, 출산과 양육일 텐데 돌고래에게도 마찬가지다. 새

수족관에서 야생으로 돌아간 복순이는 새끼를 낳았다.

끼를 자주 낳는다면 그만큼 개체수가 빠르게 증가하겠지만 몇 년에 한 번 출산을 하는 고래류는 그렇지 못하다. 제주 남방큰돌고래의 경우 2009년 114마리가 있었는데, 2017년 개체수는 117마리로 조사되었다. 많은 보호 노력을 기울였음에도 지난 10년 사이에 그리 큰 증가가 없었다는 말이다.

고래류는 한 번 개체수가 급감하여 멸종위기에 처하게 되면 이를 극복하기가 매우 어렵다는 말이다. 그래서 고래들이 안심하고 출산을 하여 새끼를 안정적으로 키울 수 있도록 서식처 보호가 절실하다.

호주 만두라 돌핀 레스큐 그룹에서 촬영한 야생 돌고래 출산 장면

따뜻해진 한국 바다를 여행하는
바다의 거인 고래상어

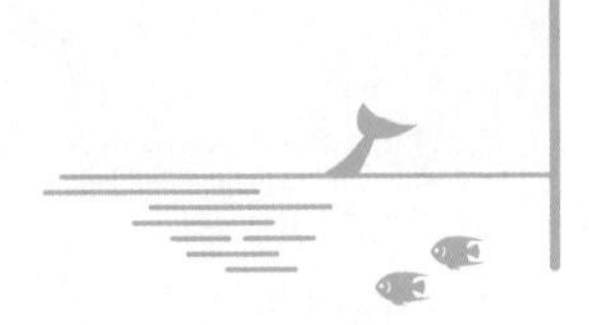

한반도 해역에서 해수 온도가 상승하면서 영화 『죠스』의 주인공 백상아리가 점차 등장하는 빈도가 늘고 있으니 주의가 필요하다. 한반도 인근 바다에는 상어가 약 40종 분포하는데, 이 가운데 식인 상어라고 불리는 포악한 상어는 청상아리, 백상아리, 귀상어, 뱀상어, 무태상어 등 9종이다. 상어의 출현이 봄과 여름에서 사계절 내내로, 서해와 남해에서 한반도 앞바다 전역으로 확대되고 있으며, 그 빈도가 높아지는 이유는 빠른 속도로 진행되고 있는 한반도 아열대화 때문이다.

이에 따라 열대 해양생물들이 한국 바다에서 계속 발견되고 있다. 대표적인 경우가 바로 국제보호종이자 지구상에서 가장 큰 어류인 고래상어다. 이름에 고래가 들어 있지만 열대성 어류인 고

열대 바다에 사는 고래상어. © sebastian pena lambarri, unsplash

래상어는 보통 시속 5킬로미터 정도로 천천히 헤엄치며 큰 입을 벌려 플랑크톤을 먹고 살아간다. 몸무게는 평균적으로 12톤에 달하고, 몸길이는 14미터 이상까지 자란다. 하지만 커다란 몸집에 비해 이빨은 6밀리미터밖에 되지 않으며, 커다란 몸집과 달리 성질이 매우 온순해서 사람과 나란히 수영하기도 한다. 고래상어는 보통 무리지어 생활하지만 아직 성체가 되지 않은 어린 개체의 경우에는 단독으로 생활하면서 난류와 한류가 만나는 해류의 흐름을 따라 먼바다로 여행하기도 하는 것으로 알려져 있다.

그 고래상어가 한반도 연안에서 점차 자주 보이고 있다. 2017년 7월 전남 여수에서 새끼 고래상어가 정치망(자리그물)에 걸린 채 발견되어서 즉각 방류했고, 같은 해 9월 25일 경북 영덕 강구면

동해해양경찰서가 2017년 10월 19일 오전 10시쯤 강원 삼척항 동방 6킬로미터 해상에서 정치망에 걸린 고래상어를 바다로 돌려보내고 있다. © 해경

오포해수욕장에서는 입에 상처가 난 고래상어를 관광객이 발견하고 해경에 신고해 바다로 돌려보낸 일도 있다. 10월 19일엔 강원도 삼척 해상에서 정치망에 걸린 고래상어가 발견되어 바다로 돌려보냈다. 인도네시아 또는 필리핀 해역에서 주로 살아가는 인도양-태평양 지역의 고래상어들이 높아진 해수 온도 때문에 한국 해역에서 발견되는 빈도가 늘어나고 있는 것이다.

고래상어는 세계자연보전연맹IUCN의 적색 목록에 멸종위기종으로 등재되어 있으며, 국내에서도 해양수산부가 2016년 9월에 보호 대상 해양생물로 지정했다. 따라서 그물에 걸리거나 해안가에 좌초되어 발견된 경우에도 생존율이 약간 높아지게 되었다. 그런데 한화가 만든 수족관 아쿠아플라넷 제주의 개장을 앞둔 2012년 7월에 우연히 두 마리의 새끼 고래상어가 제주 바다에서 그물에 혼획된 채 발견되었고, 이 고래상어들은 곧바로 수족관으로 옮겨졌다. 아직 보호종으로 지정되기 이전이었기에 가능한 일이었다. 고래상어는 세계적으로 희귀한 덕분에 국제거래도 제한을 받지만, 가격 역시 수억 원대에 이르렀기 때문에 당시 한화 아쿠아플라넷 수족관 개관에 맞춰 적절한 타이밍에 고래상어 두 마리가 혼획되어 이송되었을 때 세간의 관심이 집중되었다.

이 사실이 알려지자마자 핫핑크돌핀스는 고래상어들을 수족관에 가두지 말고 방류하라는 성명서를 발표했으며 고래상어 구출 캠페인을 시작했다. 수조가 아무리 크다고 해도 바다를 자유롭게 헤엄치던 고래상어들에게는 좁게 느껴질 것이 뻔했기 때문이다. 역시나 수족관으로 옮겨진 고래상어 두 마리 가운데 한 마리는 곧 폐사했고, 남은 한 마리의 건강 역시 나빠지고 있었다. 결국 수족관 측은 2012년 9월 초 생존 고래상어 한 마리를 성산포에서 약 2킬로미터 떨어진 바다 한가운데에서 풀어주게 된다. 이 고래상어는 방류된 지 얼마 지나지 않아 GPS 신호가 끊기며 가라앉은 것으로 보아 죽은 것으로 추정된다.

핫핑크돌핀스는 고래상어가 전시된 국내 수족관 앞에서 방류를 촉구했다.

타이완에서도 2013년에 비슷한 일이 벌어졌다. 인근 바다에서 발견되어 국립 수족관인 해생관으로 옮겨진 고래상어에게서 꼬리에 계속 상처가 생기고, 척추가 휘는 등의 건강상 문제가 발생하자 시민들과 환경단체 그리고 국회의원까지 나서서 고래상어의 방류를 촉구한 것이다.

바다로 방류된 고래상어들은 잘 살고 있을까? 이를 확인하려면 사람의 지문과도 같은 고래상어의 고유한 무늬를 추적해 각 개체를 구별해야 한다. 연구자들은 이 특성을 이용해 어떤 고래상어인지 분별해 추적 연구를 하는데, 2016년 2월까지 학자들이 전 세계에서 각각의 고유한 고래상어 무늬를 구별해 데이터베이스로 구축한 개체수는 7,011마리밖에 되지 않는다. 현재 전 세계 바다에 적게는 약 10만 마리 정도 남아 있을 것으로 추정되는 것에 비하면 확인된 개체수는 아직 미미하다.

고래상어는 주로 바다 표면에 올라와 먹이 활동을 하지만 수심 1,000미터까지 잠수하기도 하기 때문에 연구하기가 쉽지 않다. 그래서 어디에서 번식하며 새끼를 키우는지조차 제대로 알려져 있지 않다.

고래상어가 가장 많이 불법으로 포획되는 인도네시아에서는 정부가 고래상어 보호법을 제정하기도 했지만 불법포획을 막기에는 역부족이다. 고래상어 역시 대부분의 상어와 마찬가지로 매우 느리게 번식하기 때문에 인간이 마구잡이로 잡아들이는 남획이야말로 이들의 생존에 가장 큰 위협이 되고 있다. 국제적 보호 노력이 무색하게도 고래상어는 지난 75년간 개체수가 절반 이상으로 줄어들고 있다. 태평양 고래상어는 개체수가 63퍼센트 감소한 것으로 나타났다.

사람들은 왜 고래상어를 왜 잡아들일까? 그것은 바로 높은 가격으로 거래되는 상어 지느러미와 상어 고기 때문이다. 중국 고급 요리의 대명사인 샥스핀을 만들기 위해 세계에서 매년 약 1억 마리 가까운 상어들이 지느러미가 잘린 채 바다에 버려지고 있는데, 여기에 고래상어도 포함되는 것이다. 2014년 2월에는 중국에서 매년 600여 마리의 고래상어를 고기, 화장품, 가죽제품 등에 쓰려고 도살하는 도살장의 존재가 알려져 충격을 주었다. 고래상어는 국제법으로도 엄격히 보호될 뿐만 아니라 중국에서도 보호해야 할 해양생물로 지정되어 있으며, 포획이 엄격히 제한되어 있는데도 불법포획한 고래상어를 사람들이 보는 앞에서 해체하는 일이 버젓이 벌어진 것이다. 당시 핫핑크돌핀스는 동물보호단체들과 함께 주한 중국대사관 앞에서 고래상어 도살장의 즉각 폐쇄를 촉구하는 기자회견을 개최하고 항의서한을 전달했다.

샥스핀은 중국 당국이 반부패 운동을 벌이면서 고위급 인사들이 사이에서 접대를 금지하기도 했지만 한국도 정치권 인사들이 샥스핀과 캐비아 등의 초호화 식사를 대접한 사실이 알려져 시민들에게 커다란 비판을 받기도 했다. 현재 한반도 주변 해역의 해수 온도가 가파르게 상승하면서 양식장 어류가 폐사하고 해파리가 급증하며 적조 현상이 심해지는 등 지구온난화에 따른 피해가 점점 커지고 있다. 그 덕분에 지구상에서 가장 큰 물고기로 불리는 고래상어가 한반도 해역에 자주 나타나고 있지만 상어도 식용보다는 보호를 먼저 생각해야 할 상황이 되었다. 지구는 너무나 뜨거워지고 있고 인간도, 바다도 몸살을 앓고 있기 때문이다. 이제 기후변화를 넘어 '기후 위기'의 시대에 접어들었다.

한국 바다에 유일하게 남은 물범,
점박이물범

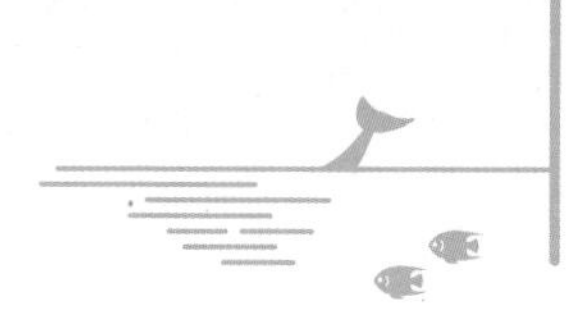

2018년 4월 6일 강원도 삼척시 문암 해변에서 점박이물범 새끼가 탈진한 채 발견되었다. 크기가 89센티미터로 태어난 지 얼마 안 된 매우 어린 개체였는데, 꼬리에 긁힌 상처 이외에는 큰 외상이 없었다. 그래서 사람들은 이 물범이 며칠 치료를 받고 기력을 회복하면 곧 바다로 돌아갈 수 있지 않을까 기대했다. 발견자는 해경에 연락했고, 고래연구센터와 해양수산부가 협의하여 해양동물 구조치료기관인 서울 잠실의 롯데월드 아쿠아리움으로 옮겨졌다. 수의사와 사육사들이 이 새끼 물범을 살리기 위해 전력을 다했지만 안타깝게도 이송 하루 만에 폐사하고 말았다.

점박이물범은 왜 죽었을까? 원인을 밝히기 위한 부검이 4월

2018년 4월 삼척에서 발견된 새끼 점박이물범. © 해경

12일에 진행되었고, 핫핑크돌핀스는 관계자의 허락을 얻어 부검 과정을 지켜볼 수 있었다. 점박이물범의 부검은 이전에도 있었다. 2016년 3월에도 강원도 고성에서 발견된 점박이물범이 서울대공원으로 옮겨져서 치료를 받다가 이틀 만에 죽어서 부검을 했는데, 사인이 장폐색으로 나왔다. 그물 등 폐어구에 의해 장이 막혀서 소화를 하지 못하고 죽은 것이다. 스페인에서 플라스틱 쓰레기 29킬로그램을 삼킨 향유고래 사체가 발견되어 큰 충격을 주었는데, 삼척에서 발견된 새끼 점박이물범도 그런 사례가 아닐까 걱정되었다.

세 시간에 걸친 부검이 끝난 뒤 담당 수의사는 급성 폐렴이 직접적인 사인으로 보인다고 말했다. 위와 장은 텅텅 비어 있는 것

이송 하루 만에 폐사한 새끼 점박이물범의 사인을 밝히기 위한 부검이 진행 중이다.

으로 보아 아무것도 먹지 못했고, 체내 지방까지 모두 태워버린 것으로 보아 어린 물범은 완전히 굶주린 상태였는데, 폐에 물이 들어와 이것이 폐렴을 일으켰다고 한다.

알고 보니 해변으로 밀려온 어린 물범을 최초 발견한 사람이 살리기 위해 계속 바다로 돌려보내려고 했다는 것이다. 탈진으로 육지에 올라와 휴식을 취해야 했던 새끼 물범은 기력을 소진했기 때문에 바다에서 제대로 헤엄칠 수조차 없었는데, 이 사정을 알 리 없는 최초 발견자가 계속 바닷물 속으로 집어넣으려 했던 것이다. 꼬리에 생긴 상처도 최초 발견자가 물범을 들고 바다로 돌려보내는 과정에서 생겼을 것으로 추정되었다.

바다에서만 살아가는 고래류가 해변에 좌초되었다면 당연히 바다로 돌려보내야 하지만 같은 해양포유류인 물범 등의 기각류 동물은 고래류와는 달리 육상과 바다를 오가면서 생활하기 때문에 무작정 바다로 보내기만 해서는 안 된다. 선의에 의한 행동이 오히려 야생동물에게 큰 피해를 줄 수도 있다는 것에 주의할 필요가 있다. 같은 해양동물도 종에 따라 습성이 매우 다르기 때문에 먼저 해경에 연락해 구조 전문가의 조언을 따라야 하는 것이다.

점박이물범은 한국 해역에서 고래류를 제외하면 유일하게 남아 있는 해양포유류다. 한때 동해안에 번성했던 바다사자인 독도 강치는 남획으로 1960년대 이후 멸종되었기 때문이다. 2018년 3월 국내 동물원에서는 최초로 서울대공원에서 점박이물범 새끼 두 마리가 태어나 화제가 되었다. 서울대공원 해양관에 가보니 북극곰처럼 온몸이 흰색이었던 새끼는 하얀 솜털이 점점 빠지면서 어미와 비슷한 모습이 되어가고 있다. 유빙이 있는 추운 지역에서 새끼를 낳기 때문에 서해안의 점박이물범은 겨울이 오기 전 중국 보하이해로 이동했다가 봄이 오면 새끼와 함께 남쪽으로 내려와 한반도 연안에서 살아간다.

점박이물범은 1930년대 8,000마리에 달했지만 2000년대 이후 1,000마리 이하로 개체수가 급감하고 있어서 보호 대책이 시급히 필요하다. 주요 서식처인 서해안 백령도에서도 목격되는 숫자가 점점 줄어들고 있다. 한반도 연안을 따라 회유하며 곳곳에서 발견되던 물범이 이제는 백령도를 비롯해 가로림만 그리고 동해안 일부에서 적은 수가 목격되고 있다. 그래서 점박이물범은 환경부에 의해 멸종위기 2급, 문화재청에 의해 천연기념물 그리고 해양수산부에 의해 보호 대상 해양생물로 지정되어 특별한 보호를 받고 있다. 지구온난화와 해양 오염, 서식처 파괴 등으로 바다는 자꾸만 점박이물범에게 살기 힘든 곳이 되어가고 있다.

한국에서 가장 유명한 돌고래 하면 제돌이를 꼽는다. 쇼를 하다 바다로 돌아간 제주 남방큰돌고래 제돌이와 비슷한 사례가 점박이물범에도 있다. 2011년 5월 제주 서귀포에서 발견되어 수족관에서 지내다 2016년 8월 바다로 돌아간 복돌이가 바로 그 주인공이다. 핫핑크돌핀스는 2011년 8월 당시 복돌이가 보관되어 있던 돌고래 공연장 퍼시픽랜드를 찾아 상태를 확인해보았는데, 물범은 매우 열악한 환경에 놓여 있었다. 이후 복돌이는 다른 수족관으로 이송되었다가 천신만고 끝에 바다로 돌아가게 되었다.

위성추적장치를 달고 백령도 앞바다에 방류된 복돌이는 2달 반 동안 신호를 보내왔는데 황해도, 평안도 바다를 거쳐 중국 보하이의 랴오둥만까지 올라갔다고 한다. 야생 점박이물범 이동 경로와 정확히 일치한다. 5년 만에 돌아온 동료를 야생 무리가 잘 맞이해준 것이리라. 경계가 없는 넓은 바다에서 한국과 북한 그리고 중국의 국경을 자유롭게 넘나드는 점박이물범이 건강하게 살아갔으면 좋겠다.

내가 먹은 랍스터의 나이는 **몇 살일까**

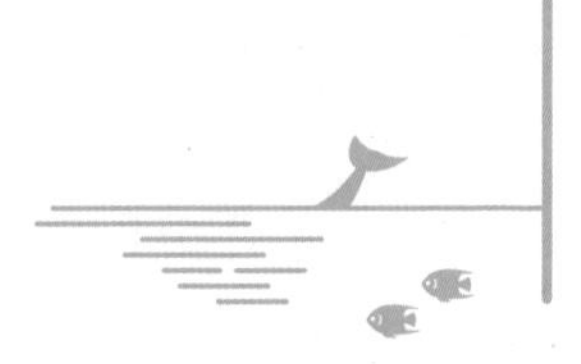

2018년 3월부터 스위스에서 살아 있는 바닷가재(랍스터)를 끓는 물에 넣고 요리하는 것이 금지된다는 소식이 전해졌다. '랍스터도 고등 신경계를 가지고 있어 고통을 느낄 수 있다'는 주장을 스위스 정부가 받아들여 이와 같은 동물보호법 개정안을 통과시킨 것이다. 랍스터를 얼음 위에 올려 수송하는 것도 금지된다고 하는데, 어길 경우 벌금형에 처해진다.

수송할 때나 보관할 때도 랍스터를 자연 상태 그대로 두고, 끓는 물에 넣기 전에 기절시켜서 랍스터가 느낄 수 있는 고통을 최소화하라는 것이 법의 개정 취지라고 한다. 인간이 동물에 가하는 고통을 완전히 없앨 수 없겠지만, 굳이 동물을 학대할 필요가 없다면 가능한 수준으로 고통을 최소화하는 것이 좀더 합리적인 태도일 것이다.

동물학대를 최소화하자는 같은 취지의 법안이 이미 뉴질랜드와 이탈리아에서도 시행되고 있기 때문에 스위스가 특별히 유난을 떠는 것도 아니다. 스위스는 이번 동물보호법 개정안을 시행하면서 랍스터뿐만 아니라 모든 해양 동물이 보관, 수송 과정에서 인위적인 고통이 느껴지지 않도록 자연 환경 그대로 보관해야 한다고 명시하고 있다. 갑각류는 요리하기 전에 반드시 기절시켜야 한다는 조항도 달려 있다. 랍스터는 식품인가, 동물인가? 그래서 유럽은 지금 랍스터를 두고 격렬한 논쟁을 벌이고 있다. 그냥 먹으면 그만일 식품일 뿐인데, 이렇게까지 해야 하나 같은 주장이 있는가 하면 살아 있는 동안에는 인도적으로 대우하는 것이 맞다는 주장이 맞서고 있다.

그런데 랍스터의 수명에 대해 한 가지 흥미로운 사실이 알려졌다. 일부 과학자들에 의하면 랍스터는 영원히 늙지 않는다고 한다. 즉, 인간이 쳐놓은 통발에 걸리거나, 포식자에 잡아먹히거나, 질병에 걸리거나 하지 않는 한 랍스터는 영원히 살 수 있다는 말이다. 랍스터는 나이가 들어도 세포가 망가지는 일이 없이 계속 새로운 세포로 복제되는 체계를 갖고 있다고 한다. 인간을 비롯한 대부분의 다른 동물은 노화가 진행되면서 세포의 유전자가 완전히 복제되지 못하고 조금씩 손상되는데, 랍스터는 유전자를 완벽하게 복제해 새로운 세포로 계속 보낼 수 있기 때문에 나이가 들

바닷속의 랍스터. © B. Seymour, NPS Photo

어도 사망률이 높아지지 않으며, 암 같은 것에 걸리지 않고 이론적으로는 계속 살 수 있는 것이다. 이 때문에 랍스터를 통해 노화를 막으려는 연구가 활발히 진행되고 있다.

랍스터 잡이가 성행하는 미국 동북부 메인주 어부들은 가끔 몇백 살짜리 랍스터를 잡는다. 2009년 1월 미국 뉴욕시의 어느 해산물 음식점은 몸무게 20파운드(약 9킬로그램)짜리 랍스터를 들여왔는데 전문가들은 무게와 크기로 볼 때 이 랍스터의 나이가 140살인 것으로 추산했다. 랍스터는 보통 7년마다 몸무게가 1파운드씩 증가한다는 것이다. 이 계산이 맞다면 북대서양에서 잡힌 이 랍스터는 1869년생이 된다. 인도의 마하트마 간디와 무려 동갑내기인 셈이다.

음식점은 이 랍스터에게 조지라는 이름을 붙여주고 수조에 전시해놓았다. 유례없이 커다란 랍스터를 보고 사람들이 사진을 찍기 위해 몰려들었고 동물해방운동가들은 즉각 조지를 바다에 다시 방생하라고 촉구했다. 음식점 측은 충분히 홍보 효과를 보았다면서 조지를 랍스터 포획이 금지된 메인주 앞바다 보호구역에 방류했다.

2016년에는 미국 남부 플로리다주의 해산물 음식점에서 15파운드짜리 랍스터를 들여왔는데, 나이는 약 100살 이상으로 추산되었다. 보통 잡혀서 식탁에 오르는 랍스터가 5파운드 미만으로 통상 2파운드 정도인 것을 감안하면 이 같은 대왕 랍스터는 지역 명물이 되기에 충분했다. 음식점은 래리라는 이름을 붙여주었고, 래리를 먹으려는 손님들이 줄을 서게 되었는데 마지막 순간에 다행히도 동물보호단체에 구조되었다. 그러나 방생을 앞두고 안타깝게도 플로리다에서 메인주까지 장기간 비행기로 이송되는 과정에서 스트레스를 받아 폐사하고 말았다.

랍스터는 지구온난화의 영향으로 자취를 감추고 있다. 차가운 수온을 좋아하는 랍스터가 점점 북극 지방으로 올라가면서 미국 어민들은 수확량이 줄어들었다고 하소연이다. 그런데 랍스터 소비가 줄면 고래들이 살아난다. 왜일까? 북미 대서양에 던져진 엄청난 랍스터 잡이 통발에 고래들이 혼획되기 때문이다. 남은 개체수가 300여 마리 정도로 알려진 북대서양긴수염고래(가끔 북대서양참고래로 번역되는데 공식 명칭이 아님)의 생존에 가장 큰 위협이 되

랍스터 잡이 통발. 대서양에 던진 랍스터 잡이 통발은 고래들까지 혼획한다.
© Jeff Price, U.S. Air Force

는 것도 역시 통발 등 어구에 의한 혼획이다. 누군가는 랍스터 하나 먹는데 고래 혼획을 걱정해야 하고 동물보호법까지 염려해야 한다니, 일부러 불편해지는 것 아니냐고 할지도 모른다.

그런데 사회의 진보는 언제나 이렇게 불편한 문제제기에서 시작된다는 것을 상기해보았으면 한다. 핫핑크돌핀스가 처음 수족관 돌고래 해방 운동을 시작한 2011년만 해도 사람들은 왜 잘 지내는 돌고래를 풀어줘야 하느냐며 불편해했고, 사람도 살기 힘든데 돌고래까지 신경을 쓰느냐며 뜬금없는 소리 하지 말라고 핀잔을 주기도 했다. 그러나 채 10년이 지나지 않은 지금 대부분의 사람들은 수족관 돌고래 야생방류를 지지하고 있다. 좁은 수조에 갇혀 고통받는 돌고래들을 외면하지 않는 마음이 조금씩 세상을 변화시키고 있다.

이제 랍스터를 먹으면서도 몇 가지 생각해볼 점이 생기고 있다. 한국은 랍스터 서식처가 아니기 때문에 당장 방류하자는 것은 아니지만 지금 내가 먹은 랍스터가 나보다 더 나이가 많은 생물이라면, 또 앞으로 영원히 살아갈 수도 있는 생명이라면 뭔가 달라 보일지도 모른다. 해양생물을 그저 해산물이나 생선 또는 '이용할 자원'으로만 바라볼 것이 아니라 지구에서 함께 살아가는 친구로 여기게 될 수도 있을 것이다. 해양생물의 세계는 너무나 신기하고, 아직 우리는 모르는 것이 너무나 많다.

새 활주로와 다리 공사, 우린 어디로 가나요?
중국 분홍돌고래의 질문

핫핑크돌핀스라는 이름의 환경단체 활동을 하다 보니 어떻게 이런 이름을 짓게 되었느냐고 묻는 분들이 많다. “분홍돌고래 보호단체인가요?” 묻기도 하고, 그런데 진짜 분홍돌고래가 있는지 묻는 분들도 있다. 결론부터 말하자면 분홍돌고래는 분명히 있다. 피부백색증 때문에 원래 몸 색깔이 분홍색처럼 보이는 돌고래를 제외한다면 보통 남미대륙 아마존강이나 오리노코강 유역에 사는 아마존강돌고래 ‘보투’가 분홍돌고래로 널리 알려져 있다.

그런데 한국과 가까운 타이완 서해안과 중국 푸젠성 샤먼, 홍콩 연안 그리고 하이난섬 일대에도 중국 분홍돌고래가 살고 있다. 학술적으로는 인도태평양혹등돌고래라고 하며 흔히 중국흰

물 밖으로 모습을 드러낸 중국 분홍돌고래. © 타이완분홍돌고래보호연맹

돌고래라고도 불리지만 별명이 더 유명한 셈이다. 학명은 *Sousa chinensis*이다. 분홍돌고래는 신비감을 자아내기 때문에 세계에서 가장 인기 있는 돌고래인데, 그렇다면 중국 분홍돌고래는 몇 마리나 남아 있을까? 핫핑크돌핀스는 이들에 대해 더 알고 싶은 마음에 타이완 현지로 답사를 떠났다.

타이완해협을 사이에 두고 중국 대륙을 바라보고 있는 타이완 서해안 일대 연안이 분홍돌고래의 대표적인 서식지로 알려져 있다. 타이완에서는 이들의 서식 사실이 2002년 과학자들에 의해 처음 확인되어 보고되었다. 지역 주민들은 물론 오래전부터 분홍돌고래를 봐왔겠지만, 이 사실이 공식적으로 학계에 확인된 것은 매우 최근이다.

분홍돌고래들의 서식지인 타이완 서해안 연안. 분홍색으로 표시된 곳에서 분홍돌고래가 발견되었다.

이후 지금까지 과학자들이 등지느러미 사진을 판독하며 조사를 진행해왔는데, 2015년까지 71마리가 타이완 서해안 일대에서 살고 있음이 확인되었다. 핫핑크돌핀스는 타이완 고래보호단체 활동가들과 분홍돌고래 서식처 탐방에 나섰는데, 이때는 2월이어서 아직 분홍돌고래들이 활발하게 움직이기 전이었다. 타이완 해역에서 이들은 3월부터 10월 사이에 자주 목격된다.

중국 본토의 동남부 샤먼항 지역 및 인접한 진먼섬 일대를 오가며 서식하는 분홍돌고래는 확인된 것만 60마리 정도로 알려져 있다. 이보다 남쪽인 홍콩과 하이난섬 일대에서도 분홍돌고래가 100마리 미만으로 목격되고 있다. 그런데 중국 본토의 분홍돌고래와 타이완 서해안의 분홍돌고래는 과학자들이 지난 3~4년간 약 14만 장의 사진을 찍어 일일이 판독한 결과 서로 아무런 교류가 없는 것으로 나타났고, 개체들도 모두 다른 것으로 확인되었다. 중국 본토 해안의 분홍돌고래들은 타이완 해역으로는 일절 오가지 않고, 타이완의 분홍돌고래들도 해협을 넘어 중국 연안으로는 절대 가지 않는다는 것이다. 한반도처럼 군사분계선이 가로막고 있는 것도 아닌데, 왜 서로 타이완해협을 넘나들지 않는 것일까?

이유는 이들이 연안성이기 때문이다. 타이완 분홍돌고래의 경우 수심이 25미터 이내의 곳에서 관찰되고 있는데, 타이완과 중국 본토 사이인 타이완해협은 폭이 150에서 200킬로미터이고, 수심도 매우 깊기 때문에 두 아종이 서로 만나지 않는다고 추정하는 것이다. 타이완해협이 중국 양안 분홍돌고래들 사이의 교류를 가로막는 장벽 역할을 하고 있는 셈이다.

세계에는 약 90종에 달하는 고래 종류가 있는데, 성격도 모두 다르고 주로 살아가는 바다의 환경도 제각각이다. 같은 중국 분홍돌고래로 알려졌지만 실제로는 홍적세(200만 년 전~1만 년 전) 시기에 타이완 섬과 중국 대륙이 붙어 있다가 분리된 이후에는 타이완 분홍돌고래와 샤먼 지역의 분홍돌고래 사이에는 교류가 없었던 것으로 추측된다. 하지만 두 아종은 공통적인 특징을 보이고 있다. 둘 다 비교적 수심이 얕은 곳과 인간의 활동이 잦은 해안가 부근에 거주하고 있어서 항상 인간의 활동에 큰 영향을 받을 수밖에 없다는 점이 그것이다. 이들은 해안가에서 1~2킬로미터 정도 떨어진 곳에서 주로 서식하고, 특히 강 하구와 바다가 만

홍콩 바닷가에서 임신 중이었던 분홍돌고래 사체가 발견되었다. © Ocean Park Conservation Foundation, Hong Kong

나는 곳을 제일 좋아한다는 점이 비슷하다.

한국에도 제주도 연안에만 120여 마리 서식하는 남방큰돌고래는 여러 면에서 분홍돌고래와 닮은 점이 있다. 비교적 최근에 학계에 알려졌다는 점과 개체수가 매우 적다는 점 그리고 얕은 바다에 살다 보니 인간에 의해 영향을 많이 받을 수밖에 없다는 점이 공통적이다. 특히 연안 개발, 증가하는 선박 운항, 수중 공사, 바닥 준설, 해양 쓰레기 등 오염물질 투기, 소음 등으로 돌고래들의 서식처가 위협을 받고 있다는 점에서 제주 남방큰돌고래와 중국 분홍돌고래는 비슷한 운명에 처해 있다.

바다에 인접한 홍콩 국제공항은 새로운 활주로를 건설하기 위해 바다 매립공사를 벌였다. 중국어권의 돌고래 보호 운동 단체들은 이대로 홍콩 앞바다에 새로운 활주로가 건설된다면 중국 분홍돌고래의 서식처가 완전히 파괴될 수 있다며 경고했다. 해상 공사 자체가 엄청난 소음과 환경오염을 유발할 뿐만 아니라 공사 선박들이 수시로 드나들면서 서식처가 파괴될 것이기 때문에 분홍돌고래들은 큰 위기에 처해 있다.

2018년 10월 정식 개통한 홍콩, 주하이, 마카오를 잇는 중국 강주아오대교 건설공사 역시 멸종위기인 중국 분홍돌고래의 개체수를 급감시키는 요인으로 지목되었다. 결국 다리가 완공된 후 이 지역 분홍돌고래 개체수 조사 결과 약 47마리밖에 남지 않은 것으로 드러났다. 대교 건설 이전부터 이 문제는 꾸준히 지적되어 왔지만 중국 당국은 멸종위기 돌고래 보호보다 대규모 토목건설을 택함으로써 돌고래 서식처가 파괴되었고, 약 100마리 미만으로 보이던 개체수는 이제 50마리 미만으로 급감한 것이다.

연안의 얕은 바다에 사는 중국의 분홍돌고래, 오키나와 듀공 그리고 제주 남방큰돌고래 들이 모두 같은 상황에 처해 있다. 대규모 개발사업과 군사기지 건설로 멸종위기 해양포유류의 서식처가 사라지고 있다. 우리는 이들과 공존할 수 있을까?

인어 전설의 주인공 듀공,
이러다 진짜 전설이 되어버릴지도

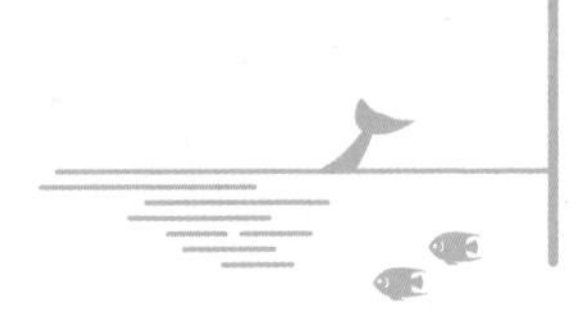

세계 각지에는 인어와 관련된 전설이 많다. 대개는 인어와 비슷하게 생긴 바다 동물을 인어로 착각한 주민의 경험담이 전설처럼 전해지는 경우가 많은데, 한국에서는 토종 돌고래 상괭이가 사람과 비슷한 생김새 때문에 인어로 오해받기도 했다. 아마존 지역의 분홍돌고래도 인어 전설로 알려져 있다. 보통 여성형인 다른 지역 인어 전설과는 달리 아마존 분홍돌고래는 남성형 인어라는 점도 특이하다. 바다소의 일종인 해양포유류 듀공은 아시아 지역 인어 전설의 주인공이다.

듀공은 전 세계 개체수가 약 10만 마리 이하로 세계자연보전연맹에 의해 멸종위기 취약종으로 분류된다. 이 가운데 한국과 가장 가까운 오키나와 부근에는 약 30마리 이하의 소수가 살고 있는 것으로 알려져 있는데, 개체수가 점점 줄어들어 현재는 6마리 정도만 확인되고 있는 실정이다. 전 세계적으로 듀공의 서식처는 열대 바다에 걸쳐 분포하는데, 오키나와가 바로 북방 한계선에 속한다. 초식동물인 듀공은 얕은 바다에 뿌리를 내리고 사는 잘피라는 해초를 주요한 먹이로 하는데, 잘피의 일종인 거머리말은 한국 바다에도 분포하고 있다. 제주도 하도리 앞바다의 토끼섬 일대는 잘피 군락지로 인정받아 2016년 해양보호구역으로 지정되기도 했다.

잘피 군락은 많은 해양생물의 산란지이며 바다에 산소를 공급하는 역할을 하기 때문에 해양생태계의 기초를 이룬다. 잘피 숲은 건강한 바다의 상징인 셈이다. 산호초가 넓게 발달한 오키나와의 얕은 바다는 연중 수온이 따뜻하고 산호초가 태풍의 천연보호막 역할을 하면서 자연적으로 형성된 잘피 숲으로 인해 듀공이 정착하게 되었다. 그런 오키나와 듀공이 지금 위기에 처해 있다.

듀공은 매우 까다로운 성미로 유명하다. 해양동물의 서식처 마련을 위해 사람들이 인공적으로 바다에 심은 잘피는 듀공이 먹지 않는다. 자연산 잘피만을 고집하는 것이다. 듀공은 또 해초가 너무 무성해도 먹지 않고, 너무 듬성듬성해도 먹지 않는 습성이 있어 적당한 밀집도의 자연산 잘피를 선호한다. 그런 잘피 숲이 만들어져 있는 오키나와 본섬 북부 헤노코와 카요 앞바다에서 듀공이 먹이를 먹은 흔적이 보이곤 한다. 잘피 숲 중간에 듀공이

얕은 바다에서 헤엄치는 듀공. © Julien Willem, commons.wikimedia.org

먹이를 뜯어먹으며 지나간 흔적이 남기 때문에 사람들은 이 신비로운 동물을 직접 보지는 못하지만 이곳에 듀공이 살고 있다는 것을 확인하는 것이다.

오키나와 듀공은 옛날부터 맛이 좋다는 이유로 왕에게 진상까지 되었다는데, 귀한 고기 맛을 보기 위해 사람들이 무분별하게 포획한 탓에 이제는 거의 찾아보기 힘들게 되었다. 또한 바다에 독성 물질 유입이 늘어나고 각종 개발, 군사기지 등으로 인해 서식처가 파괴되면서 1990년대 중반에 와서는 오키나와 바다에서 듀공은 거의 멸종되고 말았다. 개체수가 10마리 이하로 줄어들면서 사람들의 시야에서 사라져버린 것이다. 바로 얼마 전까지만 해도 듀공은 식품 이외의 존재가치를 갖지 못했다.

바다에서 듀공이 보이지 않자 오키나와 사람들은 그 존재를 잊어버렸고 듀공을 기억하는 이는 많지 않았다. 그런데 오키나와 본섬의 헤노코 지역에 새로운 미군기지를 이전한다고 발표되면서 일본 정부에서 1990년대 중반에 환경영향평가를 위해 해양생태계 조사를 할 때 오우라만에 살고 있는 듀공의 모습이 항공촬영 카메라에 잡혔다. 그 사진을 보고 오키나와 사람들은 '아, 듀공이 완전히 멸종된 것이 아니구나. 이제부터라도 지켜야겠다'라고 생각하기 시작했다는 것이다.

핫핑크돌핀스는 오키나와 현지에서 듀공 보호 활동을 하는 환경단체 활동가들을 만나 서식처를 답사할 기회를 맞을 수 있었다. 듀공은 헤엄칠 때 고래류처럼 꼬리를 물 위로 들어 올린다거나 하지 않고, 등지느러미가 없기 때문에 수면 위로 숨을 쉬러 올라오더라도 육안으로 확인하기가 어렵다. 또한 고래들처럼 고개를 들거나 점프를 하는 일도 없으며 움직임이 크지 않고 조용하기 때문에 인간의 눈으로 직접 개체를 확인하기 힘들다.

오키나와 듀공의 서식처로 알려진 오우라만 가요 앞바다는 인적이 드물고 산호초가 넓게 분포하고 있는 전형적인 비취색 열대 바다의 모습을 하고 있다. 잘피 숲이 넓게 형성되어 있고, 평균 수심은 약 5미터 정도로 얕은 곳이어서 듀공이 산호초를 넘어 잘피를 먹으러 온다는 것이다. 핫핑크돌핀스는 이곳에서 오키나와 활

듀공의 먹이가 되는 해초 잘피. 얕은 바다에 숲처럼 자라는 잘피는 육상에서 바다로 돌아간 식물이다. © Rapid Bay Jetty

동가들과 함께 망원경을 들고 그 바다 일대를 몇 시간가량 뚫어져라 살펴보았지만 예상대로 듀공을 만나지는 못했다. 항공사진 촬영을 통해 존재가 확인된 오키나와 듀공은 겨우 3마리에 불과했고, 사진 촬영이 쉽지 않은 사정을 감안하여 확인되지 않은 개체들까지 포함해 많아봤자 모두 6마리 듀공이 있을 뿐으로 여겨졌다.

그런데 매우 안타깝게도 2019년 3월 오키나와 본섬 북부 나키진에서 암컷 한 마리가 숨진 채 발견되었다. 이 듀공은 몸길이 3미터가량으로 존재가 확인된 세 마리 가운데 하나였다. 몸에는 여러 군데에 상처와 긁힌 자국이 나 있었다. 이제 오키나와에는 듀공이 겨우 2마리 남은 셈이다. 현지에서는 미군기지 이전에 따른 해상 매립 공사 등이 폐사의 원인이라며 오키나와현 정부에 철저한 듀공 보호대책 마련을 촉구했다.

지금 오키나와, 제주도, 타이완은 비슷한 상황에 처해 있다. 타이완에서는 100마리도 남지 않는 타이완 분홍돌고래가 심각한 서식처 파괴로 위협을 받고 있으며, 제주 남방큰돌고래와 오키나와 듀공이 역시 같은 위기에 직면해 있다. 멸종위기에 처한 많은 해양동물들이 연안개발사업과 해양오염 그리고 군사기지 건설 등으로 점차 설 자리를 잃고 있는 것이다.

요즘에는 많은 관광객들이 듀공이나 고래 같은 해양동물이 바다에서 천천히 헤엄치는 모습을 보거나 같이 다이빙하기 위한 생태관광에 열광하고 있다. 고래 또는 듀공과 헤엄치는 신비로운 순간의 체험을 위해 다른 나라 먼 곳까지 날아가는 것도 마다하지 않는다. 너무 늦기 전에 가까운 바다에 사는 우리 주변의 해양동물들을 지켜야 한다. 동아시아 바다가 사람과 해양생물들이 더불어 살아가는 '공생과 평화의 바다'가 될 수 있도록 만들자.

만날 확률 90퍼센트의 노하우,
고래 관찰 관광에서 배우다

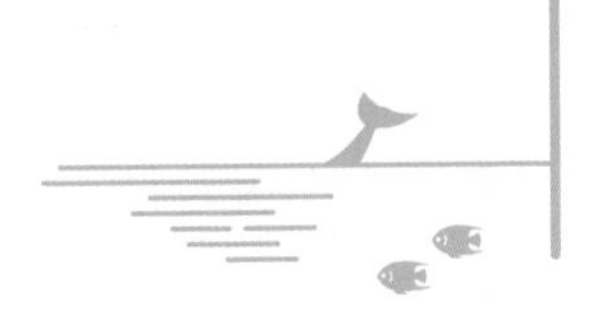

얼마 전에도 "고래를 만나려면 어쩔 수 없이 수족관에 가야 하지 않느냐"라는 이야기를 들었다. 수족관에 가면 돌고래들이 점프도 하고, 조련사에게 생태에 관한 설명도 들을 수 있으니 아이들이 너무 좋아한다는 것이다. 최소한 삼면이 바다인 한국에서는 이런 호소가 통하지 않는다. 한국 바다에는 밍크고래, 참돌고래, 상괭이, 낫돌고래, 남방큰돌고래 들이 살아가고 있기 때문이다. 물론 바다에 간다고 해서 고래들을 언제나 볼 수 있는 것은 아니다. 울산 장생포에서 진행되는 고래 관광의 경우 고래 관찰률은 20퍼센트 이하에 불과하다. 제주 김녕의 돌고래 요트투어도 관찰률이 50퍼센트를 넘지 않는다. 운이 좋아야 겨우 돌고래를 볼 수 있다는 것이다. 다른 나라도 그럴까?

한국과 가까운 타이완 그리고 오키나와에서는 '고래 관찰'이 제법 발달되어 있다. 자연 상태에서 넓은 바다를 헤엄치는 고래를 보는 것이야말로 커다란 감동을 느낄 수 있고, 생태적 감흥을 얻을 수 있기 때문에 관광객들이 몰려든다. 타이완의 경우 태평양 앞바다를 헤엄치는 고래들을 보기 위해 찾아오는 관광객이 매년 40만 명에 이른다고 한다. 대부분 중국인인데, 중국 해안에서 보기 힘든 다양한 고래들을 보러 타이완 동해안까지 온다.

왜냐하면 이곳이 수심이 매우 깊은 태평양으로 바로 연결되어 있으며, 연중 따뜻한 쿠로시오 해류가 열대지방에서 올라옴에 따라 매우 다양한 고래류가 살아가기 때문이다. 일 년에 몇 번이지만, 운이 좋다면 오무라고래나 귀신고래 등 좀처럼 야생에서 보기 힘든 고래들도 볼 수 있다. 이밖에 혹등고래, 흑범고래, 긴부리돌고래, 큰돌고래, 범고래 등 약 19종의 고래를 볼 수 있다. 타이완 고래 관찰 성공률은 90퍼센트 정도다.

타이완 고래 관찰의 특징은 환경단체와 관광업체가 상생한다는 데 있다. 핫핑크돌핀스가 찾아간 날도 약 200마리 이상의 긴부리돌고래가 드넓은 타이완 태평양을 마음껏 헤엄치는 모습을 볼 수 있었다. 긴부리돌고래는 많은 무리가 함께 헤엄을 치며 몸을 공중으로 솟구쳐 올라 빙글빙글 회전하는 모습을 자주 보여주기 때문에 영어로는 스피너 돌핀Spinner dolphin이라고 한다. 배를 타고 나간 우리는 약 2시간가량 돌고래 무리를 천천히 따라가며 항해를 했고, 타이완 돌고래보호단체 활동가들이 자세한 설명을 해

타이완 화롄에서는 고래 관찰을 나가기 전에 참가자들을 대상으로 짧은 생태교육을 한다. 화롄의 고래 관찰 승선권의 모습. 고래 모양을 흉내내 티켓이 생태적이다.

주어서 유익하고 알찬 시간을 보냈다.

타이완의 경우 고래 관광과 고래보호 환경단체가 협업을 하며 서로 상생 관계를 맺고 있는 모습이 보기 좋았다. 관광객들은 고래의 생태에 대해 환경단체 회원에게 자세한 설명을 들을 수 있어 좋고, 관광업체는 가이드라인을 준수하며 생태적인 프로그램을 진행하기 때문에 고래들이 비교적 안심하고 바다에서 살아갈 수 있게 된다.

타이완 당국은 야생 상태의 고래를 잘 보호하는 것이 많은 관광객을 불러 모으는 좋은 방법이라는 사실을 마침내 깨닫고 보다 적극적인 고래 서식처 보호 정책을 펼치기 시작했다. 해안가에 자리 잡고 있던 시멘트 공장 등을 내륙으로 옮겨 바다로 흘러들어가는 오염 물질을 줄였으며, 관광객들이 배를 타고 바다에 나가 고래 관광을 하는 오전과 오후 시간에는 일반 어선의 출항을 제한함으로써 선박의 숫자를 줄였다. 이런 식으로 고래들이 마음 놓고 바다에서 헤엄칠 수 있는 환경을 마련했다.

세계적으로 고래들의 숫자가 감소하는 곳을 살펴보면 몇 가지 공통점을 발견할 수 있다. 선박이 과도하게 운행되는 곳에서는 고래들이 선박과 충돌하거나 선박 소음으로 스트레스를 받기 때문에 가까이 올 수가 없다. 또한 오염물질이 배출되는 공단이 해안에 있는 경우에도 역시 고래들이 살지 못한다. 타이완에서는 이런 요소들을 없앰으로써 고래들이 안심하고 바다에서 살 수 있도록 했으며, 지역에 기반을 둔 고래 보호 단체와 관광기업이 함께 지속 가능한 프로그램을 만들어냄으로써 지금처럼 생태적인 고래 관찰이 가능하게 된 것이다. 이는 연간 수십만 명의 관광객을 부름으로써 지속 가능한 고래 관찰의 가능성을 보여주고 있다.

혹등고래 관찰로 유명한 오키나와의 고래 관광은 인간보다 고래가 중심이 되는 측면을 보인다. 타이완의 고래 관찰이 보통 3월에서 10월까지 이뤄진다면 오키나와의 혹등고래 관찰은 10월에서 이듬해 3월까지 이뤄진다. 이때 혹등고래들은 추워진 북극지방을 떠나 따뜻한 남쪽 바다로 내려오고, 오키나와 부근의 열대 바다에서 새끼를 낳고 키우며 겨울을 보낸다. 그리고 이듬해 봄이 오고 수온이 오르기 시작하면 혹등고래는 새끼와 함께 다시 먹이가 풍부한 극지방으로 긴 회유 여행을 시작하는 것이다. 이와 같은 자연의 리듬에 맞춰 오키나와에서도 혹등고래 관찰이 생태적으로 이뤄진다.

오키나와의 고래 관찰률 역시 90퍼센트가 넘는다. 오키나와에서 혹등고래 관찰률이 높은 이유가 있다. 사람들은 겨울 시즌에 혹등고래를 보러 오키나와의 인근 섬으로 배를 타고 나간다. 아침이 되면 서식처 인근 섬 중앙, 사방이 탁 트인 높이 솟은 봉우리로 사람이 올라가는데, 그는 망원경으로 주변 먼바다를 살피고는 혹등고래가 있는 지점의 좌표를 고래 관찰선 선장에게 무선으로 알려준다. 그 정보를 받은 선장은 배를 끌고 알려준 지역으로 이동하는 것이다.

이 시기 혹등고래는 새끼를 데리고 있는 암컷일 경우가 많으므로 선박은 철저히 먼 거리를 유지한다. 혹등고래에게 100미터 안쪽으로는 접근하지 않고, 보통 300미터 정도 거리를 유지하고 있었다. 혹등고래는 몸집이 10미터 이상으로 매우 크기 때문에 굳이 가까이 가지 않더라도 멀리에서도 그 우아하고 놀라운 모습을 충분히 볼 수 있다. 오키나와의 혹등고래 관찰은 철저히 고래가 중심이 되어야 한다는 믿음에 바탕을 둔 것으로 보인다. 한국의 울산과 제주 등 일부 지역에서 이뤄지는 고래 관광처럼 인간이 중심이 되고 고래들은 그저 눈요기에 그치는 것과는 달리, 오키나와의 자마미섬에서는 멀리서 혹등고래를 가만히 지켜보게 할 뿐이다. 한국의 고래 관광이 고래들 무리 한가운데로 배가 돌진해 들어간다면 오키나와의 고래 관찰은 멀리서 그저 조용히 지켜볼 뿐이다.

이는 기본적으로 고래들이 살아가는 바다의 생태계를 그대로 유지한 채 인간은 그저 잠깐 들렀다 둘러보고 아무런 흔적을 남기지 않은 채 돌아가겠다는 소박한 철학의 발현처럼 보인다. 오키나와의 혹등고래 관찰에서는 바다를 지배하겠다는 인간의 오만함이 보이지 않았다. 숨어 있는 고래들을 찾아내고 쫓아가겠다는 탐험가적 지배 욕망이 그곳에서는 조용히 사그라드는 경험을 하고 온다. 오키나와 사람들이 이렇게 변하는 데에는 이유가 있다.

오키나와 자마미섬에서는 혹등고래 관찰을 나서기 전에 해설사가 포경의 역사와 고래의 생태적 습성 등을 친절히 설명해준다.

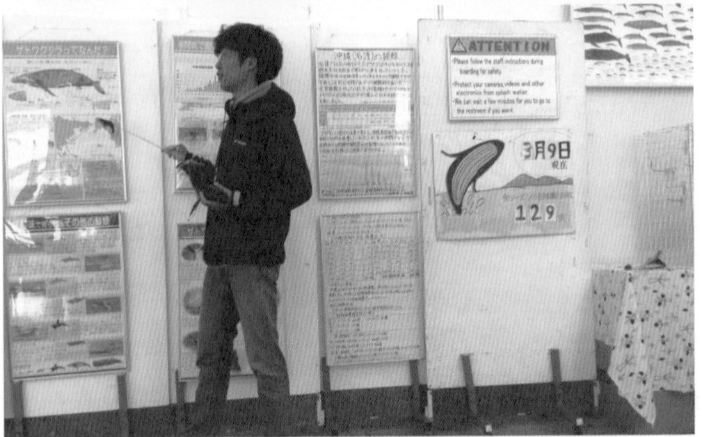

오키나와 자마미섬 앞바다에서 혹등고래가 천천히 유영 중이다. 자마미섬에서도 고래관찰을 나가기 전에 생태교육을 한다.

이곳에서는 2016년 3월까지 꼬리지느러미 식별을 통해 그 해역에 매년 혹등고래 약 129마리가 온다는 사실을 알아냈고, 특히 자주 관찰되는 혹등고래의 꼬리는 사진으로 붙여놓아 관광객들도 이 고래가 어떤 특징이 있는지 설명하고 있다. 놀라운 것은 1990년 이전까지만 해도 수십 년간 오키나와 바다에서 혹등고래를 전혀 볼 수 없었다는 것이다.

오키나와 사람들도 예전에는 한국의 일부 지방과 마찬가지로 고래고기를 즐겨 먹었다고 한다. 주로 대형 고래들을 중심으로 사냥이 이어졌는데, 1950년부터 1963년까지 오키나와 해역에서 죽어간 고래는 총 820마리이며, 이 가운데 혹등고래가 788마리, 향유고래가 31마리 포획되었다는 통계를 해설사가 설명해주었다. 특히 사냥이 집중적으로 이뤄졌던 1959년에서 1961년 사이에 매년 200마리에 이르는 혹등고래가 오키나와 바다에서 포획되었고, 그 결과 1962년 5마리의 혹등고래가 포획된 것을 끝으로 1963년부터 고래류는 자취를 감춘다. 이곳에 오면 인간에 잡혀 죽는다는 것을 알게 된 고래들이 더 이상 그 해역을 찾지 않게 된 것이다.

고래 없는 바다, 해양생태계는 건강할까? 학살의 기억을 간직한 바다가 수십 년 계속되던 1990년 어느 날 혹등고래들이 한두 마리씩 보이기 시작했다. 교훈을 얻은 오키나와 사람들은 다시 찾아온 고래들을 소중하게 대했다고 한다. 과거에 대한 반성이었을까? 떠나간 고래들이 다시 돌아오길 바라며 사람들은 조용히 기다린 것이다. 매년 개체수가 조금씩 늘어나는 것을 지켜본 오키나와 사람들은 1990년대 말부터 조심스럽게 고래 관찰을 시작했고, 가이드라인을 만들어 철저히 지켰다. 그 결과 100마리 이상의 혹등고래들이 겨울을 나기 위해 이 해역을 찾고 있다.

이 이야기가 우리에게 시사하는 바는 매우 많다. 타이완과 오키나와에도 물론 돌고래 공연장이 있지만, 사람들은 좁은 수조에서 묘기를 부리는 고래보다 넓은 바다에서 한가롭게 휴식을 취하는 자연 상태의 고래 모습에 더 큰 매력을 느낀다. 인간이 보고 싶을 때 언제든 동물을 볼 수 있도록 울타리에 가둬두는 것은 그리 생태적인 방법이 아니며, 동물친화적이지도 않다. 수조에 갇혀 있는 돌고래들은 항상 스트레스 상태에 놓여 있기 때문에 이들과의 만남이 인간에 딱히 기쁨을 주지도 않으니 말이다.

반대로 억누를 수 없는 생동력을 뿜어내는 야생 상태의 고래들이야말로 자유와 해방의 메타포다. 한 사람의 인생을 바꿔놓기도 하는 감동이 여기에서 나온다. 한국이 타이완과 오키나와를 못 따라 할 이유가 없다. 지금이라도 돌고래 수족관 문을 닫고, 고래 보호구역을 지정하거나 개발을 제한하는 등 고래들이 마음 놓고 살아갈 수 있는 바다 환경을 만들어준다면 머지않아 한국 바다에서도 언제든 이 아름다운 모습을 마주할 수 있게 될 것이다.

온몸으로 느끼는 자연의 선물,
고래 축제

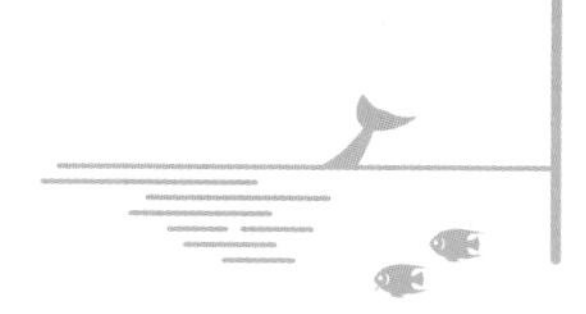

매년 세계 곳곳에서 다양한 고래 축제들이 열린다. 남아프리카공화국, 하와이 그리고 북미 서해안에서 열리는 고래 축제들이 대표적이다. 북미 지역에서는 태평양 인근에서 연안을 따라 계절에 맞춰 회유하는 귀신고래와 혹등고래를 볼 수 있다. 캐나다 브리티시컬럼비아 지역의 환태평양 고래 축제와 미국 오리건주의 고래 관찰 주간 그리고 미국 캘리포니아 몬트레이 고래 축제와 데이나 포인트 고래 축제가 고래들이 회유하는 시기에 집중적으로 개최된다.

미국 오리건주 고래 관찰 주간 행사에 참여한 관광객들은 생태환경이 잘 보존된 국립공원 해안 10군데 지점에서 12월 말부터 약 일주일간 고래 관찰을 진행한다. 해안가 높은 언덕에 모인 이들은 저마다 망원경을 들고 해설사의 설명을 들으며 숨을 내쉬는 귀신고래의 분기와 꼬리를 확인한다. 매년 이 시기 2만 명 정도가 고래 관찰을 하며 새해 소망을 빈다.

북미 서해안에서 열리는 고래 축제들은 자연 속에서 살아가는 고래의 감동을 참가자들이 그대로 느끼게끔 프로그램을 마련해 오직 고래만을 위한 고래 축제가 되도록 한다. 이들 축제는 목적 자체가 분명한데, 참가자들이 바다를 헤엄치는 고래의 장엄함을 느끼고, 이를 통해 생태 감수성을 키우며, 생생한 환경 교육을 받게 한다는 것이다. 한마디로 자연이 주는 가장 큰 선물을 온몸으로 느끼게 한다는 것이 아닐까.

관광객들을 끌어모아 홍청망청 시끄럽게 벌이는 놀자판 먹자판인 한국의 '무늬만' 고래 축제와는 양상이 매우 다르다. 계절에 따라 먼바다를 이동하는 고래들의 회유 시기와 경로를 따라 열리는 북미의 고래 축제에서는 관광객들에게 망원경과 카메라와 해설사를 제공한다. 한국의 울산고래축제가 고래고기 시식대가 마련되고 각종 물품판매 테이블이 즐비하게 늘어서서 떠들썩한 소비자 이벤트 행사로 진행된다면, 해외의 고래 축제는 오랜만에 바다에 돌아온 고래를 먼발치에서 지켜보기 위해 많은 이들이 손꼽아 기다리는 생태관찰 행사에 가까운 것이 커다란 차이점이다.

고래의 회유 시기인 9월 말에 맞춰 열리는 남아프리카공화국

매년 9월 말 개최되는 남아프리카공화국 허머너스 고래축제에서는 남방긴수염고래를 볼 수 있다. © 허머너스 고래축제

허머너스 고래 축제도 마찬가지다. 남아공 서부 해안 휴양지인 이곳에서는 멸종위기에 처한 남방긴수염고래를 볼 수 있어서 특히 인기가 높다. 전 세계에 겨우 2만 5,000마리가 남은 것으로 추정되는 보호종인 남방긴수염고래는 남극해에 풍부한 크릴새우로 배를 채운 뒤 수온의 변화에 따라 수천 킬로미터를 여행해 9월이 되면 남아프리카 해안에 도착한다. 비대칭적인 브이 자 모양으로 숨을 내뿜기 때문에 멀리서도 확인 가능하며 이들이 나타나면 알리미가 커다란 나팔을 불어서 알린다.

주로 연안을 따라 먼 거리를 회유하는 고래들은 도시나 공단 지역에서는 육지에서 멀리 떨어져서 이동하기 때문에 보기가 힘들고, 자연 생태계가 잘 보전된 곳은 연안 가까이 다가오기도 한다. 사람들이 배를 타고 나가거나 때론 해안가 300미터까지 접근하는 육상에서 긴수염고래의 멋진 자태를 볼 수 있는 이유는 이곳이 자연생태휴양지이기 때문이다.

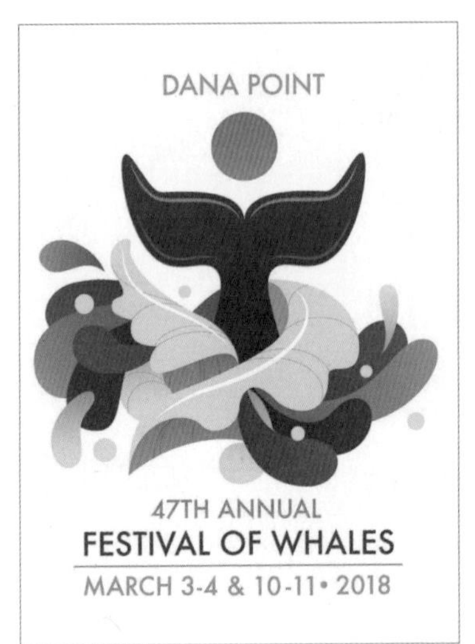

미국 캘리포니아주 남부 데이나 포인트에서 열리는 고래 축제 포스터.

미국 캘리포니아주 중부에 있는 몬트레이 고래 축제는 매년 1월 말경 열린다. 이때쯤 남하하는 귀신고래들을 볼 수 있다고 한다. 같은 캘리포니아라도 샌프란시스코나 로스엔젤레스 그리고 샌디에이고 같은 대도시 해변에서는 멀리 떨어져 헤엄치는 고래들을 볼 수 없다. 그 대신 상어들만 간간이 나타날 뿐이다. 매년 3월 고래 축제가 열리는 남쪽의 데이나 포인트로 내려가면 해안가에 근접하는 귀신고래들이 나타난다. 핫핑크돌핀스는 데이나 포인트 인근에서 귀신고래를 보지는 못했으나 10마리 정도가 편대를 지어 비행하는 사다새 무리와 눈 깜짝할 새 나타났다가 사라지는 벌새들을 보았다. 생태계가 잘 보전되어 있는 아름다운 해안에서 가까이 다가온 귀신고래를 본다면 그야말로 장관이었을 것이다.

하와이 마우이섬에서 매년 열리는 고래 축제 로고.

그 자체로 커다란 힐링이니 말이다.

태평양 가운데에 자리 잡은 하와이에서 2월 한 달간 열리는 마우이 고래 축제는 혹등고래의 귀환을 환영하는 행사로 치러진다. 혹등고래들은 북극해에서 여름을 보내고 11월부터 2월까지 따뜻한 하와이 해역을 찾아 새끼를 낳고 휴식을 취한다. 마우이섬에서는 매년 2월 두 번째 토요일을 고래의 날로 정하고 다양한 행사를 연다. 음악회와 전시회도 있지만 역시 하이라이트는 섬 12개 지점에서 열리는 고래 관찰 행사다. 이들 고래 축제에서는 한국의 축제와는 달리 수족관에 갇힌 돌고래 쇼를 관람하거나 고래고기를 시식하는 등의 끔찍한 프로그램은 없으니 아마 고래들도 안심하고 사람들의 관심을 허락할 것이다. 전 세계 고래 축제를 따라 12월에는 캐나다 밴쿠버와 미국 오리건으로, 1월에는 캘리포니아로, 2월에는 하와이로, 9월에는 남아프리카로 떠날 수만 있다면 얼마나 좋을까.

안타깝게도 북극에서 여름을 보낸 귀신고래들은 북미 서해안을 따라 멕시코 방면으로 내려갈 뿐, 이제 더는 한국 동해안 쪽으로 회귀하지 않는다. 러시아와 일본에 이어 한국 역시 잔인한 포경으로 오랫동안 고래들이 다니던 바닷길을 끊어버린 탓이다. 한국의 고래 축제가 고래들을 사냥거리로 잡아 죽인 뒤 먹거리로 소비하고, 오락거리로 즐기고, 볼거리로 가둬놓는 가짜 고래 축제가 아니라 진정 고래들을 위한 축제가 되려면 결국 해양생태계를 잘 보전해 고래들이 되돌아오도록 하는 수밖에 없다. 지나간 포경의 역사를 반성하고 겸손하게 기다린다면 한국 해역을 떠난 대형 고래들도 언젠가 다시 찾아올 것이다.

누가 상어를
제주 앞바다로 불렀나

2019년 7월 8일 제주 함덕해수욕장에 상어가 나타나 화제가 되었다. 제주 본섬 해안가 가까이에서 상어가 발견된 것은 처음이라고 한다. 파도타기를 하다가 상어를 처음 발견한 서퍼는 물 위로 올라온 삼각형의 등지느러미를 보고 상어인지 돌고래인지 잘 구분되지 않아서 확인을 위해 좀 더 가까이 다가가 촬영했다고 한다. 일반적으로 상어와 돌고래의 차이를 설명하면서 등지느러미의 생김새를 꼽는다. 상어는 세모 모양인 데 반해 돌고래는 낫처럼 약간 뒤로 휜 모양이므로 구분이 가능하다는 것이다.

반은 맞고, 반은 틀린 설명이다. 한반도 해역의 돌고래 중에도 차가운 해역에서 자주 발견되는 쇠돌고래와 까치돌고래는 등지느러미가 삼각형이다. 그래서 모양만 보고서는 구분하기 쉽지 않고,

유영하는 모습을 보고 판단해야 정확하다. 돌고래는 호흡을 위해 수면 위로 올라오고 다시 잠수하기 때문에 등지느러미가 아래위로 출렁거린다. 그 반면에 상어는 수면에 올라온 등지느러미가 수평을 유지한다.

2015년에 국립해양생물자원관이 펴낸 《한국의 상어》에 따르면 한반도 연근해에서 발견되는 43종 상어류 가운데 38종이 제주 해역에 서식한다. 제주와 남해안이 상어의 서식 분포가 가장 높은 것이다. 이번에 제주 해안 가까이 나타난 상어는 무태상어로 추정되지만 확실하지는 않다. 흉상어과인 무태상어는 방어나 부시리를 먹기 위해 모슬포와 마라도 인근 어장에서 발견되는데 여름은 방어철이 아니기 때문이다.

보통 제주 연안에서는 남방큰돌고래 개체군이 해양생태계의 최상위 포식자 역할을 하고 있어서 상어가 해안가에 나타나는 일은 좀처럼 보기 힘들다. 돌고래와 상어는 먹이를 두고 경쟁하는 관계인데, 제주 연안 2킬로미터 이내에서 정착해 살아가는 남방큰돌고래들은 상어가 다가오면 무리를 지어 쫓아내기 때문에 상어들이 해안 가까이 오지 못한다. 그 덕분에 제주 해녀들은 바다에서 물질하면서 상어를 만날 일이 없게 된다.

그래서 이번에 함덕해수욕장에 상어가 나타난 것은 남방큰돌고래 서식 환경의 변화와도 관련이 있다는 해석이 나오고 있다. 2010년대 초중반까지 남방큰돌고래의 주 서식지는 서북 및 동북

해안으로 알려져 있었다. 그래서 수족관 돌고래 제돌이를 고향 바다에 방류할 때 야생적응 훈련을 하며 동료 돌고래들을 가까이에서 만날 수 있는 김녕 해안을 골랐던 것이다. 2013년 7월 제돌이와 춘삼이를 방류할 때 김녕 가두리에서는 약 3주 동안 남방큰돌고래 무리가 세 차례 관찰되었다.

2015년 태산이와 복순이를 방류할 때에도 역시 제주 동북쪽인 함덕해수욕장 인근에 야생적응 훈련용 가두리를 만들었는데, 이때에는 두 달 동안 남방큰돌고래 무리가 다섯 번 함덕 가두리에 나타났다. 특히 야생 돌고래들이 가두리 주변에 가까이 다가와 하루 종일 머물다 돌아가거나, 30분 이상 접근해 머물다 돌아가기도 했다.

그런데 제주도 연안의 난개발이 가속화되고, 해상물동량이 늘어나 선박의 이동이 잦아지면서 제주 북서 해안과 북동 해안에서 점점 남방큰돌고래들을 보기가 힘들어지고 있다. 2017년 금등이와 대포를 방류할 때에는 함덕해수욕장 인근에서 두 달간 멀리 지나쳐가는 돌고래 무리를 겨우 두 번 정도 관찰한 것이 전부였다. 2015년까지만 해도 함덕에 자주 머물던 돌고래들이 2017년 이후 이제는 멀리서 스쳐 지나가는 모습만 잠깐씩 관찰된 것이다.

제주 남방큰돌고래들은 연안 오염과 해양 쓰레기 등 서식 환경이 악화되는 가운데 서식처가 줄어들어 이제는 하도, 종달 등 구좌와 성산 일부 그리고 대정읍 연안에서 주로 관찰되고 있다.

바하마제도의 상어 먹이 주기 관광. 상어를 인간 더 가까이로 불러올 위험이 있다.
© Joi feeding Carribean reef shark, commons.wikimedia.org

남방큰돌고래들이 제주 연안에 촘촘한 방어막을 형성해 다른 포식자들의 접근을 막아왔으나 이제 돌고래들이 머물지 않게 된 빈틈을 노려 상어가 접근하고 있는 것이다. 이는 제주 바다 해양생태계 변화의 신호일 것이다.

사실 상어는 무서운 동물이 아니다. 위험한 상어는 전체 10분의 1에 불과하다. 또한 인간이 먼저 도발하지 않으면 상어가 먼저 공격하는 사례는 드문 편이다. 그럼에도 전 세계에서 상어에게 물리는 사고는 해마다 증가하고 있다. 인간과 상어의 접촉이 증가하고 있기 때문이다. 해양스포츠가 대중화되면서 상어 다이빙도 활성화되고 있다. 상어 서식지에 직접 잠수해 가까이에서 보려는 사람들이 늘어난 탓이다.

바하마제도의 바닷가 식당들에서는 야생 상어에 먹이를 주기도 한다. 이것은 인위적인 방법으로 상어들의 서식 조건을 교란시키는 것이다. 관광객이 던져주는 쉬운 먹이를 먹으려고 얕은 바다까지 상어들이 몰려오고 있어서 인간을 공격하는 상어들도 증가하고 있다. 가까이에서 야생동물을 체험하며 만져보고 싶은 욕망이 어떤 결과를 가져오는지 돌아봐야 한다.

범고래 등을 제외하고는 천적이 없던 상어에게 인간은 최대 위협이다. 샥스핀 재료가 되기 위해 지느러미가 잘려 죽는 상어가 매년 1억 마리에 이르기 때문이다. 참치를 잡으려고 쳐놓은 그물과 바늘에 낚이거나 폐어구에 우연히 걸려 죽는 등 혼획으로 죽어가는 상어도 매년 전 세계에서 수천만 마리에 이른다는 통계도 있다. 상어들에게 가능하면 인간을 조심하고 가까이 다가오지 말라고 말해주고 싶지만, 이런 위협을 무릅쓰고라도 인간들이 사는 곳 가까이에 접근할 수밖에 없는 이유들이 점점 늘어나고 있어서 안타깝다.

3부

죽음이 차오르기 전에

용왕의 사신 바다거북에게 **쓰레기를 대접하다니**

2013년 7월에 제주 앞바다에서 나이가 무려 200~300살로 추정되는 암컷 푸른바다거북 한 마리가 정치망에 걸렸다가 구조되어 곧바로 다시 야생으로 방류된 일이 있었다. 다행히 별다른 상처가 없었고 건강 상태가 양호했기 때문에 해양동물 구조치료기관으로 이송할 필요가 없이 그물에서 빼낸 뒤 바로 바다로 돌려보내면 되었다. 돌려보낼 때 등딱지에 위성추적장치를 단다든가 하지 않았기 때문에 방류 이후 거북이 어느 바다로 이동했는지, 또는 지금도 잘 살아 있는지 알 길이 없다.

이 소식에 많은 네티즌들은 거북의 나이가 무려 300살로 추정된 것에 대해 놀라움과 호기심을 표현했다. 핫핑크돌핀스는 당시 소식을 듣고 나이가 최대 300살이라면 조선시대부터 제주 앞바다에서 살아왔을 테니 이 바다거북을 바다의 터줏대감이라고 불러도 무방하겠다는 생각을 했다. 실제로 제주도민을 비롯한 많은 한국인은 바다거북을 용왕님이 보낸 사신으로 모신다. 제주에서는 지금도 정치망에 바다거북이 걸리기라도 하면 어민들이 나서서 정성껏 예를 올리고 막걸리를 마시게 한 뒤 바다로 돌려보낸다. 정치망은 함정처럼 만들어진 그물로서 위가 뚫려 있어 우연히 걸리더라도 돌고래나 거북이 수면에서 숨을 쉬면서 일정 기간 생존할 수 있어서 가능한 일이다.

어민들은 우연히 인간 세상에 잘못 잡혀온 바다거북을 송환하며 바다의 안녕과 풍요를 기원한다. 그런데 바다거북이 실제로 해양생태계를 풍요롭게 한다는 연구도 있어서 흥미를 더한다. 바다에서 거머리말(잘피) 같은 해초가 풍부하면 연안 수질이 정화되고 물고기들이 알을 낳고 살아가는 서식처가 마련된다. 바다거북은 이빨이 없는 대신 날카로운 주둥이로 수중 바위나 산호에 붙어 자라는 해조류를 갉아먹거나 해초의 잎 끝부분을 똑똑 잘라먹는데, 바다거북이 먹고 끝이 잘린 해초는 더욱 건강하고 길게 자랄 수 있게 되는 것이다. 산호 역시 바다거북에 의해 조류의 과도 번식이 억제된다. 바다식물과 거북이 일방적으로 먹고 먹히는 관계가 아니라 공생을 이루고 사는 셈이다.

일반적으로 바다거북은 초식동물로 알려졌지만, 다양한 식성을 가진 바다거북들도 있다. 바다거북 중에서도 가장 대표적인 푸른바다거북은 잘 알려진 것처럼 해초를 비롯해 미역이나 다시마 등만을 먹는 초식동물이다. 그런데 놀랍게도 성체가 되기 전 유년기와 청년기의 푸른바다거북은 먼바다에서 살아가며 해조류를 비롯해 조개나 해면, 해파리, 물고기 알 등을 모두 먹는 잡식성으로 알려져 있다. 그러다 성적인 성숙기에 이르고 번식을 위해 주로 연안에서 멀지 않은 바다로 돌아와 머물게 되면서 완전한 '채식주의자'로 변모하는 것이다. 해양동물 가운데 이처럼 극적으로 식단을 바꾸는 경우는 별로 없을 것이다.

바다거북 중에는 해파리를 주식으로 하는 장수거북도 있다. 종종 수면에 떠 있는 비닐봉지를 먹이인 해파리로 착각하여 먹다가 죽기도 한다. 늘어나는 바다 쓰레기의 최대 피해자인 셈이다. 장수거북은 물 위에 떠 있는 해파리와 비닐봉지를 구별해내기 힘들다. 거북이 비닐봉지를 만들지도 않았고 바다에 버리지도 않았기 때문이다. 대모거북이라고도 하는 매부리바다거북은 해면만 먹고 사는 것으로 알려져 있다. 또한 붉은바다거북은 힘센 턱으로 게와 소라, 고둥 등을 잡아먹는 잡식성이다.

이렇듯 종마다 식성은 다르지만 바다거북은 대부분 장수의 상징으로 알려져 있다. 우리는 아직도 바다거북의 수명이 어느 정도인지 정확하게 알지는 못한다. 보통 바다거북은 80년 정도를 산다고 알려져 있는데, 앞서 제주 바다에서 발견된 푸른바다거북처럼 정확하지는 않으나 나이가 200년 이상으로 추정되는 개체도 발견되기도 하니 말이다. 전문가들은 보통 등껍질의 상태나 색깔, 상처, 흉터 등을 종합적으로 판단해 노화 정도를 추정하는데, 이것 역시 확실한 방법이라고 볼 수는 없다. 나무는 나이테가 있어서 정확한 나이를 알 수 있고, 돌고래 역시 이빨에 나는 나이테를 통해 비교적 정확한 나이를 알 수 있지만 바다거북은 이런 정보를 주지 않는다. 역시 용왕님이 보낸 사신이라 할 만하다.

한국에서는 오래전부터 신화와 전설 그리고 속담을 통해 용궁에서 온 귀한 손님으로 바다거북을 대해왔는데, 신기하게도 많은 섬에서 바다거북과 관련된 비슷한 전설을 들을 수 있다. 중국과 필리핀의 섬에서 바다거북이 물에 빠진 사람을 구해주었다는 전설이 전해오고, 하와이에서도 바다거북은 수많은 전설에 행운의 상징으로 등장한다. 그럼에도 지금 바다거북은 모래해변 등 서식처가 파괴되고 해양오염과 무분별한 바다 쓰레기 배출로 심각한 멸종위기에 놓여 있다.

열대와 아열대 바다에서 주로 사는 바다거북은 변온동물이긴 하지만 겨울철 해수 온도가 섭씨 10도 이상이면 체온이 유지되어 살아갈 수 있다. 제주 바다에서 연중 바다거북이 살 수 있는 이유도 여기에 있다.

2017년 9월 해양수산부는 인공 부화한 바다거북 새끼 83마리를 제주 중문해변에서 일제히 바다로 방류했다. 이들이 건강하게 자라 성체가 된다면 20년 정도가 지난 후 이곳으로 돌아올 것이다. 중문 색달해변은 2007년 바다거북의 산란이 확인된 곳이다. 문제는 먼바다에서 성장한 거북이 성체가 되어 돌아와도 조용히 알을 낳을 자연 모래해변이 이미 지나친 난개발로 파괴되어버렸다는 점이다. 우리는 앞으로 한국 바다 해변에서 여름 어느 날 한밤중에 일제히 알을 깨고 나와 본능적으로 바다로 기어가는 새끼 바다거북의 무리를 볼 수 있게 될까?

요즘 바다에는 거대한 쓰레기 섬이 생겨나고 있다. 그리고 인간이 마구 버린 폐어구와 플라스틱 쓰레기가 바다를 터전으로 살아가는 해양동물들에 직접적인 위협을 가하고 있다. 2018년 4월 여러 연구기관과 대학에서 수의사와 전문가들이 모여 바다거북 네 마리의 사체에 대해 부검을 실시했는데 결과가 무척 충격적이었다. 그물, 낚싯줄, 비닐 등 소화시킬 수 없는 폐기물들이 그대로 들어있던 것이다. 심지어 극우단체가 북한으로 보낸 것으로 추정되는 비닐 재질의 전단지가 글자를 알아볼 수 있는 형태 그대로 바다거북의 뱃속에서 검출되기도 했다. 수의사들은 이렇게 말했다.

"장이 심하게 꼬여 있네요. 장 중첩입니다. 소화를 못 시키게 된 것이 직접적인 사인으로 보여요."

뱃속에 쓰레기가 가득 차 죽은 바다거북의 사례는 계속 이어진다. 2019년 3월 진행된 바다거북 부검에서도 비슷한 결과가 나왔다. 여러 바다거북의 위장, 소장, 대장에서 부패한 음식물과 함께 라면 봉지와 사탕 포장지, 낚싯줄, 길쭉한 노끈 등 플라스틱 쓰

바다거북의 사인이 되곤 하는 해양 쓰레기가 바다거북 옆에 그냥 놓여 있다.
ⓒ Andy Collins, NOAA

레기가 다량 검출된 것이다. 부검 대상 20마리 가운데 5마리는 쓰레기를 먹었다 폐사했고, 다른 5마리도 쓰레기가 폐사에 간접적으로 영향을 끼친 것으로 확인됐다. 부검을 진행한 국립해양생물자원관 측은 이런 의견을 밝혔다.

"이 정도면 해양생물들이 상당히 높은 빈도로 쓰레기에 노출되고 있는 것 같다는 게 지금까지의 결론입니다."

용왕의 사신 '바다거북'에게 쓰레기를 대접하다니, 우리가 어쩌다 이 지경까지 오게 된 것일까.

바다의 신음 소리,
우리가 버린 플라스틱의 역습

2015년 8월 코스타리카 해안에서 콧구멍에 플라스틱 빨대가 박혀 괴로워하는 바다거북이 발견되어 충격을 주었다. 연구팀이 거북에게서 빨대를 제거하는 동영상은 3000만 번 이상 조회되며 화제가 되었고, 인간이 무심코 버린 해양 쓰레기에 해양동물이 큰 고통을 받을 수 있다는 경각심을 불러일으켰다.

일회용품을 가장 많이 소비하는 다국적 음료업체와 패스트푸드 업체에 대한 소비자들의 압박이 심해졌고, 결국 스타벅스는 전 세계 2만 8,000개 매장 내에서 사용되는 플라스틱 빨대를 2020년까지 없애겠다는 발표를 하게 되었다. 당장 일회용 플라스틱 사용을 완전히 중단하지는 못하겠지만 10억 개가량으로 추산되는 플라스틱 빨대만이라도 먼저 줄여보겠다는 것이다. 영국 맥

도날드도 플라스틱 빨대 대신 자연분해되는 종이 빨대로 대체하겠다고 선언했다.

해양 쓰레기는 동물의 직접적인 죽음으로 이어진다. 2011년 서해안에서 죽은 채 발견된 바다거북과 고래류의 위에서도 비닐, 플라스틱 등이 발견되었다. 2012년 8월 제주 김녕 해안에 어린 암컷 뱀머리돌고래가 떠밀려왔다. 한국 해역에서는 좀처럼 보기 힘든 희귀종 돌고래여서 지역 주민들이 바다로 돌려보냈지만 다시 해안가로 밀려오고 말았다. 힘없이 좌초한 뱀머리돌고래는 구조된 지 5일 만에 구토를 반복하다 폐사하고 말았다. 그런데 고래연구센터에서 이 돌고래를 부검한 결과 위 속에서 비닐과 엉킨 끈뭉치 등의 해양 쓰레기가 발견되었고, 소화기 폐색으로 인한 만성적인 영양결핍이 폐사 원인으로 밝혀졌다.

2017년 8월에는 서귀포시 대정읍 앞바다에서 제주 남방큰돌고래가 비닐봉지를 지느러미에 감고 헤엄치는 모습이 발견되어 충격을 주었다. 자신들의 안전을 위협하는 쓰레기인지도 모르고 어린 돌고래들은 이를 놀잇감으로 착각해 폐비닐과 한참을 즐겁게 노는 모습이었다. 보호종 돌고래들이 쓰레기에 잘못 휘감기거나, 몸이 껴서 움직이지 못하게 될 수도 있었다. 실제로 그물의 일부가 등지느러미에 걸린 남방큰돌고래도 발견되었다.

죽은 해양동물의 위장에서 비닐이나 플라스틱 등의 이물질이 나오는 건 이제 흔한 일이 되었다. 태국에서 구조되었다가 죽은

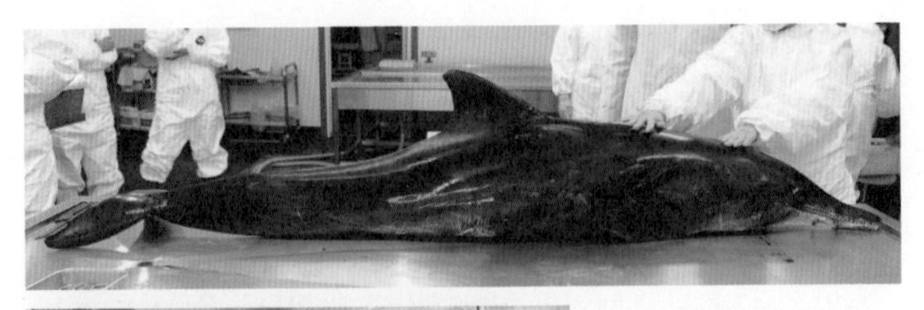

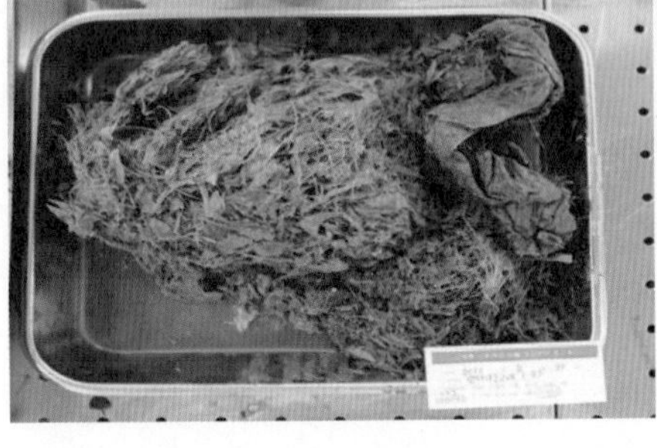

해양 쓰레기를 먹고 폐사한
뱀머리돌고래를 부검하고 있다.
폐사한 뱀머리돌고래 위에서
발견된 비닐 등 이물질.
ⓒ 고래연구센터

들쇠고래에게서 비닐봉지 80장이 발견되었고, 스페인과 노르웨이와 남미 해안에서 고래와 바다거북이 비닐봉지 때문에 죽은 채 발견되고 있다. 어느 한 곳의 문제가 아니라 지구 전체의 환경문제인 것이다.

매년 800만~1300만 톤의 플라스틱 쓰레기가 바다에 버려진다. 해류를 따라 흘러간 플라스틱들은 태평양 한가운데 모여 한반도 면적의 일곱 배에 달하는 거대한 쓰레기 섬을 만들었다. 조그만 플라스틱은 부서지고 녹으면서 바다가 플라스틱 수프처럼 변해가고 있다. 인류가 처음 합성수지 플라스틱을 발명한 1907년 무렵에는 향후 전 세계 바다가 플라스틱으로 뒤덮일 것이라고 예상하지 못했을 것이다.

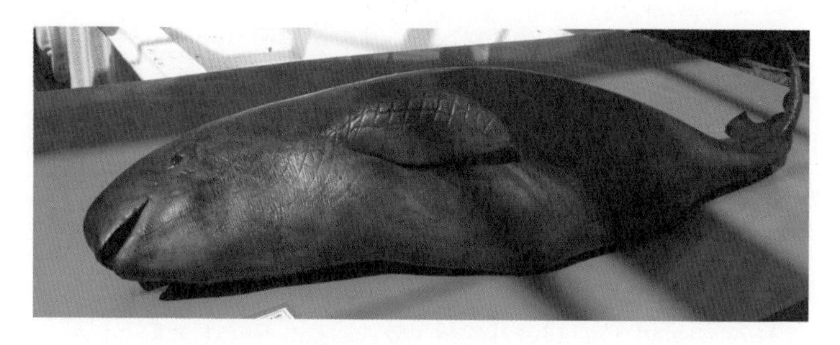

그물에 걸려 죽은 상괭이 사체. 몸에 그물 자국이 보인다.

우리가 버린 플라스틱은 바다로 흘러들어가 잘게 부서지는데, 크릴새우가 미세플라스틱을 먹으면 오징어와 물고기들이 이를 먹고, 차츰 먹이사슬을 따라 올라와 결국 우리 식탁에 돌아온다. 오징어 체내에서 미세플라스틱이 80점 이상 검출되자 오징어튀김이 실은 미세플라스틱 튀김이었다는 농담 반 진담 반인 말까지 나오게 되었다. 고등어 뱃속에서도 플라스틱이 발견되는 세상이다. 영국에서는 식탁에 오르는 어류의 3분의 1에서 플라스틱 성분이 검출되었다.

핫핑크돌핀스가 활동하는 제주도 남쪽의 마을 항구와 해안가에도 어딜 가나 쓰레기들이 널려 있다. 누군가 버리고 간 담배꽁초와 음료수 캔과 물병, 비닐포장지 등 쓰레기며 어선에서 나온 폐그물과 스티로폼 어구들이 갯바위를 뒤덮고 있다. 물 위에 떠 있는 투명 비닐봉지는 빛에 반사되어 해파리처럼 보이기도 하고, 새우와 비슷한 냄새까지 나면서 바닷새와 해양동물이 먹이로 착각한다. 중국에서 떠밀려 온 쓰레기도 제법 된다. 해안가 구석에는 온통 중국어 간체자로 쓰여 있는 플라스틱 병이 자리를 잡고 있다. 배를 타고 바다로 나가서 보더라도 물 위에 떠 있는 쓰레기들이 목격된다. 손으로 건져내지만 역부족이다. 어디서부터 시작해야 할까.

핫핑크돌핀스는 해안가에서 수거한 플라스틱과 썩은 나무 그리고 쓰레기를 모아 물고기와 돌고래 모형이나 조형물을 만든 뒤 전시하고 이 문제의 심각성을 알리는 캠페인을 몇 차례 진행했다. 그리고 돌고래 서식처 일대에 현수막을 달고 쓰레기를 버리지 말 것을 호소하고 있다. 매달 정기적으로 해양정화 캠페인도 벌인다. 해양 쓰레기를 예술 작품으로 재가공하는 업사이클링도 차츰 늘어나고 있다. 많은 시민단체가 바다와 해변에서 쓰레기 수거와 정화 활동을 벌이고 있다.

하지만 이것만으로는 한참 부족하다. 개인의 노력에는 한계가 있다. 결국 발생량 자체를 줄이도록 정부가 나서지 않으면 규제하지 않으면 안 될 상황에까지 왔다. 무분별한 플라스틱과 일회용품의 생산과 소비를 규제하지 않은 채 인류가 지금의 추세대로 플라스틱을 대량 생산, 대량 소비한다면 바다에 물고기보다 플라스틱 쓰레기가 더 많아질 것이기 때문이다.

그래서 일회용 비닐봉지 사용부터 금지하는 나라가 늘고 있다. 높이 쌓인 쓰레기 더미가 붕괴하며 사망자를 32명이나 낸 스리랑카는 비닐봉지와 스티로폼 박스의 사용과 제조를 금지했고, 케냐 역시 비닐봉지 사용 금지 법안을 발효시켰다. 뉴질랜드도 일회용 비닐봉지의 사용을 금지하기로 했다. 플라스틱 쓰레기와 전쟁을 치르는 유럽연합도 일회용 빨대나 일회용 그릇 등 플라스틱 제품을 2021년까지 퇴출시키겠다고 발표했다. 프랑스, 스페인, 영국 정부도 동참하고 있다. 인도 역시 일회용 비닐봉지를 금지시키기로 했다. 이렇듯 각국 정부가 플라스틱제품 규제 방안, 비닐봉지 유료화 방안, 플라스틱 재활용 방안 등을 쏟아내고 있는 실정이다. 플라스틱 소비량 세계 1위인 한국도 어서 일회용 플라스틱 생산과 소비를 제한하거나 금지하는 흐름에 동참해야 할 것이다. 과도한 규제가 아니라 미래 세대의 생존을 위해 반드시 필요한 조치이기 때문이다.

한국 바다는 지난 48년간 해수 온도가 1.11도 상승하여 세계 평균에 비해 두 배 이상으로 급격하게 뜨거워지고 있다. 플라스틱을 만드는 과정에서 이산화탄소가 배출되어 지구온난화를 부채질하고, 소비된 플라스틱들은 바다로 버려지는 악순환이 반복되며 해양환경이 어느 때보다 심각한 위기에 처해 있다. 플라스틱 빨대와 비닐봉지를 없애는 것으로 완전한 해결이 이뤄지지는 못하겠지만 문제의 심각성을 인식함으로써 해결의 출발점이 될 수는 있을 것이다.

쓰레기를 먹고 죽은 고래와 바다거북을 통해 신음하는 생태계의 고통에 귀를 기울여야 하지 않을까?

새끼 대왕고래 사체에서 **무엇이 발견되었나**

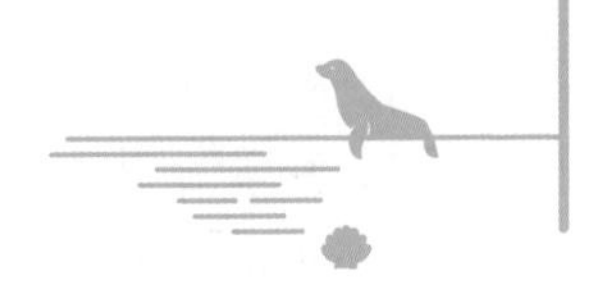

일본에서 죽은 채 발견된 새끼 대왕고래에서 맹독성 화학물질이 검출되었다는 소식이 들려왔다. 몸길이가 최대 30미터에 이르는 대왕고래는 현재 지구에서 가장 큰 동물이며, 지구 역사상 가장 거대한 동물이다. 전 세계를 통틀어 개체수가 겨우 1만~2만 5,000마리로 추산되고 있고, 심각한 멸종위기종 고래 가운데 하나다. 우리에게는 흰수염고래 또는 흰긴수염고래라는 일본식 이름으로 알려져 있으나, 공식 명칭으로는 대왕고래라고 부른다. 포경이 횡행하기 이전 한국 바다에도 많이 살았으나 이제는 한국 해역에서는 찾아볼 수 없다.

대왕고래는 워낙 개체수가 적은 탓에 바다에서 보기도 힘들

청정 해안이라는 제주 연안에 폐어구와 해양 쓰레기가 가득 쌓여 있다.

고, 사체가 발견되는 경우도 매우 드물다. 그런데 2018년 8월 일본 도쿄 남쪽 가나가와현 가마쿠라 해안가에서 어린 대왕고래 사체가 발견되어 관심이 집중되었다. 일본 해안에서는 사상 처음으로 대왕고래가 발견되었기 때문이다. 몸길이 약 10미터 정도의 어린 수컷으로 연구자들은 생후 몇 개월밖에 되지 않은 새끼로 추정했다. 이 어린 개체는 과연 무슨 원인으로 죽은 걸까?

약 9개월이 지나 발표된 부검 결과는 충격적이다. 피하지방과 간에서 맹독성 살충제 성분인 DDT와 유해 화학물질 폴리염화비페닐PCB가 검출되었기 때문이다. DDT나 PCB는 이미 40년 전에 사용이 금지된 독성 물질인데, 어떻게 갓 태어난 새끼 대왕고래 체내에서 발견되었을까? 연구자들은 오래전 사용이 금지된 독성

핫핑크돌핀스는 돌고래 서식처에서 쓰레기 제로 캠페인을 벌이고 있다.

물질도 아직 해양생태계에 광범위하게 잔존하고 있으며, 어미 대왕고래 젖을 통해 새끼에게도 전해졌을 것으로 추정한다. 독성 화학물질이 무분별하게 사용된 후 바다로 흘러들어 오랫동안 해양을 오염시키고 있는 것이다.

세계에서 가장 깊은 바다 밑바닥에서도 플라스틱 쓰레기가 발견되었다. 미국인 탐험가가 특수 잠수정을 타고 태평양 마리아나 해구 1만 928미터 지점까지 잠수하는 데 성공했는데, 그곳에서 그를 기다린 것은 글씨가 적힌 플라스틱이었다. 마리아나 해구에 사는 갑각류에서는 독성 물질 PCB와 폴리브롬화디페닐에테르PBDE가 발견되었다. PCB는 플라스틱과 방오 도료를 만드는 데 사용되었으며, PBDE는 난연제를 만드는 데 사용되었다. 마리아나 해구의 PCB 농도를 높인 주범으로는 아시아의 대규모 플라스틱 제조업체들과 괌섬에 오랫동안 자리 잡고 있는 미군기지가 꼽힌다.

유독성 오염물질과 쓰레기들로 인해 바다가 죽어가고 있다. 물고기의 체내에 흡수된 플라스틱은 그대로 인체로 들어온다. "수산물을 즐기는 사람은 1년에 1만 1000개가 넘는 미세 플라스틱 조각을 먹는 것으로 추산된다"라고 과학자들이 경고한다. 이제 우리는 무엇을 먹어야 하나?

'생명의 보고' 바다가
대형 수조로 변하고 있다

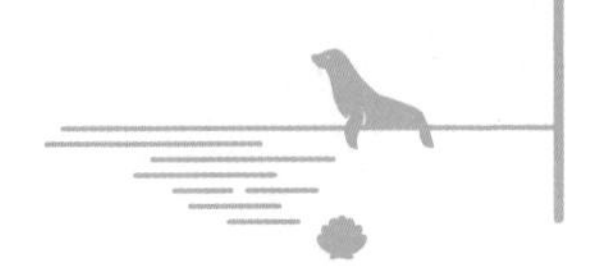

우리가 먹는 수산물은 자연산일까 양식일까? 통계청 자료에 의하면 한국의 전체 어업생산량 가운데 양식이 차지하는 비중은 2014년 46퍼센트에서 2015년 49퍼센트로 오르더니, 2016년에는 절반을 넘어 56퍼센트를 기록했고, 2017년에는 양식산의 비중이 61퍼센트까지 증가했다. 우리가 먹는 수산동식물 가운데 연근해 어업, 원양어업 그리고 내수면어업을 통해 잡은 자연산보다 양식산이 훨씬 많아진 것이다.

이와 같은 추세는 세계적으로 동일하게 나타난다. 전 세계 통계에서도 역시 2016년 이후 양식산 수산식품이 자연산을 추월해 생산량 50퍼센트를 넘겼다. 바야흐로 가장 오래된 직업이라 일컫는 '잡는 어업'이 사라지고 있다. 잡아 먹는 시대에서 이제 길러

바다 양어장 역시 해양 오염에서 자유롭지 않다. © George E. Koronaios, commons.wikimedia.org

먹는 시대로 전환하고 있는 것이다.

이렇게 된 배경은 무엇보다 자연산 수산물이 남획과 기후변화에 의한 서식지 감소, 환경오염 등으로 인해 급격히 줄어들었기 때문이다. 한국에서 어류 소비는 급격히 증가하고 있는데 자연산으로는 수산물 수요를 감당할 수 없으니 양식이 늘어나게 된 것이다. 한국의 1인당 수산물 소비량은 연간 60킬로그램에 이르는데, 이는 세계 최고 수준이다. 2009년 50킬로그램에 비해 몇 년 사이에 10킬로그램이나 증가했다. 한국 사람들이 이렇게 수산물을 좋아하다 보니 이런 식생활은 자연히 공장식 어류 양식으로 이어지고 있다. 대량으로 물고기 등의 해산물을 길러낼 수밖에 없게 된 것이다.

한국에서는 조피볼락(우럭), 넙치, 참돔 등을 공장식 어류 양식으로 생산한다. 밀집사육이 이뤄지는 것이다. 제주도 같은 섬 하나에만 양식장이 460개가 넘는다. 그리고 이로 인한 피해도 나타나고 있다. 대표적인 것이 양식장 배출수로 인한 연안 생태계 오염이다. 폐사된 양식 어류와 사료 찌꺼기, 배설물 및 어병 치료와 예방을 위한 항생제가 그대로 바다로 방류되어 해안가 수질에 악영향을 끼치기도 한다.

이는 연안 어장을 오염시켜 어획량 감소로 이어지게 된다. 심지어 수조 소독과 기생충 퇴치를 위해 공업용 포르말린을 사용하다 적발되는 사례도 꾸준히 발생하고 있다. 발암물질인 포르말린은 그대로 바다로 흘러들어 해양생태계를 파괴하는 주범이 된다. 결국 양식장 주변 바다에서는 해조류, 패류 등 연안 생물이 고갈되는 것이다. 또한 넙치 양식 사료인 까나리, 전갱이, 고등어 등이 마구잡이로 포획되어 먹이로 공급되면서 자연산 어류는 더욱 줄어드는 악순환이 반복되고 있다.

육류와 마찬가지로 수산물에서도 밀집사육은 대량폐사로 이어진다. 2018년 1월 전남에서는 연일 계속되는 한파로 양식어류 137만 마리가 폐사하기도 했다. 여수에서만 126만 마리가 죽었는데, 가두리 양식장의 밀집사육이 어류의 면역력을 떨어뜨려 이 같은 일이 벌어졌다고 한다. 매년 더워지는 여름도 같은 문제를 일으킨다. 계속되는 고수온이 집단 폐사를 유발하는 것이다. 2017년 8월 제주 양식장에서는 40도에 육박하는 폭염 때문에 넙치 20만 마리가 폐사하기도 했다. 적조 피해로 참돔 수십만 마리가 폐사하는 일도 발생한다. 어민들이 할 수 있는 일이라곤 그저 바다에 황토를 뿌리고 죽은 물고기들을 건져내는 것이다.

세계자연기금WWF은 2015년 펴낸 보고서에서 "1970년부터 2010년까지 40년간 포유류와 어류, 해조, 파충류 등 바닷속 동물 1,234종의 5,829개 개체군을 추적 조사한 결과, 절반가량이 줄어든 것으로 나타났다"라고 밝혔다. 40년 만에 해양생물이 절반으로 줄어들었는데, 현재 추세라면 산호초는 2050년 멸종할 수 있다고 경고했다. 산호초는 어류 생존에 필수적인 역할을 하는 보금자리이기 때문에 산호초의 멸종은 곧 어류의 감소로 이어질 것이다.

《물고기가 사라진 세상》이란 책에서 저자 마크 쿨란스키는 "상업적 어종, 곧 우리가 먹기 위해 잡는 물고기들이 현재와 같은 속도로 그 수가 줄어든다면, 생물 다양성이 부족해져서 2048년에는 상업적 어종의 수가 거의 모두 다 회복할 수 없는 수준으로 줄어들 것"이라고 주장한다. 영국의 환경 전문 기자 찰스 클로버는 더욱 급진적이고 불길한 주장을 펼친다. 그는 《텅 빈 바다》라는 책에서 수산물 남획의 실태와 바다의 황폐화를 고발하고 있는데, 2048년이면 인류의 식탁에서 물고기가 사라질 것이라고 주장한다. 어류 자원이 '제로'가 되어 바다에서 물고기 씨가 마른다는 소리다.

생선의 종말이 멀지 않았다는 건데, 이미 지금도 잡히는 물고

남획은 물고기의 멸종을 가져온다. © Bob Williams, NOAA

기의 35퍼센트는 식탁에 오르지 못하고 그냥 버려질 만큼 남획은 심각한 문제로 대두되고 있다. 참치를 잡으려고 쳐둔 그물에 돌고래, 바다거북, 상어 등 다른 종들까지 잡혀서 그대로 죽는 것이다. 물고기가 죽으면 바다에 살 수 있는 동물은 없게 될 것이다. 그렇다면 미래에 양식 어류만 남고 바닷물고기는 점차 사라지게 될까? 정말로 '생명의 보고' 바다가 아니라 양식 수조만 남게 될까?

바다는 아파하고 있다. 남획으로 자연산 물고기가 줄어들고, 자연스럽게 양식이 늘어나면서 공장식 사육으로 연안 해양생태계가 악화되며, 이에 따라 물고기는 더욱 줄어드는 악순환이 반복되고 있다. 지금 지구촌은 기록적인 한파와 무더위가 북반구와 남반구에서 동시에 나타나고 있다. 극심한 이상 기후 현상은 지구의 건강이 악화되고 있음을 나타낸다. 인류가 온실가스 배출을 줄이지 못한다면 기후 변화는 점점 심각해질 것이고 앞으로 지구 전역에서 더욱 심각한 재앙을 몰고 오게 될 것이다. 게다가 지금 인류는 플라스틱 쓰레기 등을 제어하지 못하고 이는 그대로 바다에 흘러들어 생물체의 몸에 축적되고 있다.

그렇다면 우리는 어떻게 해야 할까? 답은 있을까? 모든 문제를 한 번에 해결해줄 만병통치약은 없을지 모른다. 분명한 것은 현재까지 200년간 추구해온 산업생산 체제는 지구의 생태적 수용 능력을 초과해 생산과 폐기를 지속하고 있다는 것이다. 그러므로 대량생산과 이윤 추구, 규모의 확대, 생산력 증대에 의존해온 산업 체제를 해체하고 지구 생태계의 보전을 목표로 새로운 소규모 분산경제 체제를 수립하는 것과 함께 소비자 개인들의 지속적인 실천도 동시에 필요하다. 지구의 생물다양성을 지키고, 지속 가능한 생태계를 유지하기 위해 작은 것부터 실천해야 할 것이다. 한 종의 씨를 말리는 남획을 지양하면서 동시에 돌고래, 저어새, 산호초 등 멸종위기에 처한 해양생물을 지키는 것이 그 출발이 될 수 있다.

피로 물든 다이지 돌고래,
한국에서 더 이상 볼 수 없다

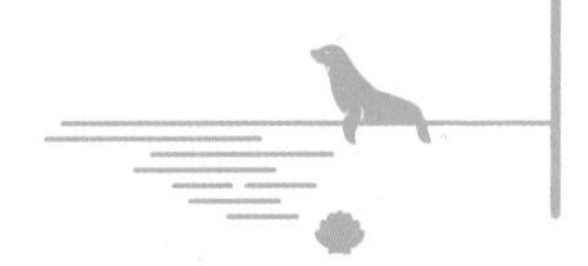

한국은 돌고래 수입 국가였다. 그것도 잔인한 포획으로 악명 높은 일본 다이지에서 돌고래를 수입하는 국가 가운데 세계 2위를 차지하고 있었다. 오랜 기다림 끝에 이런 오명이 드디어 사라지게 되었다. 2018년 3월 20일 국무회의에서 '야생생물 보호 및 관리에 관한 법률' 시행령 개정안이 통과되었기 때문이다. 환경부는 공식 입장문에서 다음처럼 밝혔다.

"돌고래도 법에서 정한 잔인한 방식의 포획이 이뤄질 경우 수입이 불허된다. 이번 개정안을 통해 동물복지에 기여할 뿐만 아니라 그동안 돌고래의 수입과 폐사를 둘러싸고 벌어졌던 논란도 어느 정도 해결될 수 있을 것이다."

핫핑크돌핀스는 여러 동물권 단체들과 함께 광화문광장에서 동부산관광단지의 신규 돌고래 수족관 불허를 촉구하는 기자회견을 진행하던 도중에 이 소식을 전해 들었다. 감격의 순간이었다. 2011년부터 돌고래 수입 금지를 촉구해온 핫핑크돌핀스는 이런 날을 애타게 기다려왔다. 돌고래 수입과 폐사가 매년 반복해서 발생했는데, 이런 야만을 근본적으로 중단시키려면 수입을 금지하는 법을 제정하는 수밖에 없었기 때문이다. 그런데 법안을 통과시킨다는 것이 쉬운 일이 아니었다. 사회적 합의도 이뤄져야 했고, 법 집행을 담당하는 공무원들도 설득해야 했다. 무엇보다 힘들었던 것은 돌고래 수입으로 큰 이득을 얻는 업체들을 단념시키는 것이었다.

몇몇 돌고래 수족관 업체들은 유명 로펌에서 변호사를 선임해 이번 법안 통과를 저지시키려 했다. 돌고래 수입이 금지되면 자기들은 뭐 먹고 사느냐면서 로비를 펼친 것이다. 결국 돌고래 수입을 놓고 찬성 측과 반대 측이 국무총리실에 불려가 규제개혁심의위원들 앞에 서게 되었다. 법안을 통과시켜도 되는지 묻는 청문회장 같은 곳이었다. 핫핑크돌핀스는 돌고래 수입 반대 측을 대표하여 정부 위원들에게 호소했다.

일본 다이지 앞바다는 지금도 고래류 포획이 지속되고 있다. 태평양 앞바다를 유유히 헤엄치는 큰머리돌고래(큰코돌고래), 들쇠고래, 점박이돌고래, 큰돌고래 들이 포획되며 흘린 피로 그곳 바다가 붉게 물들어간다. 이렇게 포획되는 돌고래를 수입한다는 것은 우리도 학살의 공범이 된다는 뜻이었다. 법을 심사하는 정부 관계

일본의 상업포경을 반대하는 퍼포먼스. © Takver, commons.wikimedia.org

자들 앞에서 돌고래들의 목소리를 대변할 기회는 쉽게 찾아오지 않는다. 마음은 떨렸지만 넓고 푸른 바다를 떠올렸고, 거기서 자유롭게 헤엄치고 있는 고래들을 생각했다.

20명의 심의위원은 저마다 날카로운 질문을 던졌다.

"돌고래 수입을 금지시키면 돌고래 공연장은 문을 닫으라는 소리인데, 과도한 규제가 아닐까요?"

핫핑크돌핀스는 유럽의 사례를 들어 반박했다. 유럽연합에서는 32개 수족관 시설에서 모두 311마리의 고래류를 사육, 전시하고 있는데, 수족관 업체들이 자체적으로 가이드라인을 정해서 2003년 이후 야생에서 포획한 고래류는 전혀 수입하지 않고 있다는 사실을 지적했다. 돌고래 수입을 하지 않아도 공연장은 여전히

일본 포경선에 잡힌 밍크고래 성체와 새끼.
© Customs and Border Protection Service, Commonwealth of Australia

성업 중인 것이다. 유럽연합 수족관에서는 70퍼센트 이상의 큰돌고래가 시설 자체 번식으로 태어나기 때문에 잦은 폐사에도 불구하고 개체수가 유지된다. 심의위원들은 이런 대답에 수긍했다.

배몰이 포획 방식에 대한 질의도 나왔다. 망망대해 같은 다이지 앞바다에서 돌고래를 잡으려면 15척의 포경선이 선단을 이뤄 고래들을 좁은 만으로 몰아가는 수밖에 없고, 배들이 일제히 몰려들어 귀청을 때리는 소음을 내며 돌고래들을 몰아가는 포획작전을 벌인다. 정치망을 설치해놓고 돌고래가 걸려들기를 기다리는 식의 방법은 쓸 수가 없다. 왜냐하면 돌고래들이 사는 먼바다 한가운데 그물을 칠 수는 없는 노릇이기 때문이다.

매일 새벽 다섯 시가 넘으면 수십 명의 포경업자들이 다이지

다이지 돌고래 학살을 감시하고 진실을 알리기 위해 매년 이 마을에 전세계에서 돌고래 보호활동가들이 찾아온다.

포구에 모인다. 이때 세계 각지에서 모인 돌고래 보호단체 회원들도 그곳에 집결한다. 행여 포경선원들을 방해라도 할까 봐 일본 경찰들은 곳곳에서 돌고래 보호단체 회원들을 밀착감시한다. 때로는 여권을 압수해 활동 자체를 막기도 한다. 일본 경찰의 호위를 받으며 10여 척의 다이지 포경선은 해가 뜨기 전 고래를 잡기 위해 출항한다. 그 으스스한 모습은 야만이라는 단어로밖에 설명할 길이 없었다.

"한국이 일본에서 돌고래를 그렇게 많이 수입하나요?"

이 같은 질문도 나왔다. 한국은 2010년부터 2017년까지 다이지 돌고래 44마리를 수입해왔다. 이게 많은 숫자인가, 아닌가? 다른 수입국과 비교해보지 않으면 알기 힘들다. 일본 재무성에 공개된 자료를 토대로 분석해보니 이 기간 1위 수입국은 406마리를 수입한 중국이 차지했다. 2위가 부끄럽게도 한국이었고, 이어서 40마리인 러시아와 38마리인 태국, 36마리인 우크라이나로 이어진다. 압도적인 숫자로 1위를 차지한 중국에 비할 바는 안 되지만, 이런 통계에서 2위를 차지한다는 것도 그리 자랑스럽지는 않다는 것에 심의위원들이 수긍했다. 결국 잔인한 포획을 구체적으로 설명하라는 조건으로 법안이 통과될 수 있었다.

이제 세 가지 잔인한 방법으로 포획된 동물은 한국에 들어오지 못하게 되었다. 작살이나 덫과 같은 도구를 이용한 포획, 시각이나 청각 등의 신경을 자극하는 포획, 그리고 떼몰이식 포획이다. 이 가운데 한 가지만으로라도 포획되었다면 국내 수입이 불허되는데, 다이지 돌고래는 세 가지 모두 해당한다. 러시아 흰고래 벨루가 역시 이에 해당한다.

인도적인 고래 포획은 없다. 한국은 이것을 법적으로 보여주었다. 다이지 돌고래 수입이 금지되자 세계 많은 시민들이 한국정부의 결정에 찬사를 보냈다. 돌고래 야생방류에 이어 다시 한 번 세계인의 박수를 받았다. 동물들을 최소한 인도적으로 대우하자는 공감대가 한국 사회에서 더 널리 확산되어 더 많은 기쁜 소식이 들려오기를 바란다.

새빨간 피로 물든 바다,
북대서양 페로제도의 고래 사냥

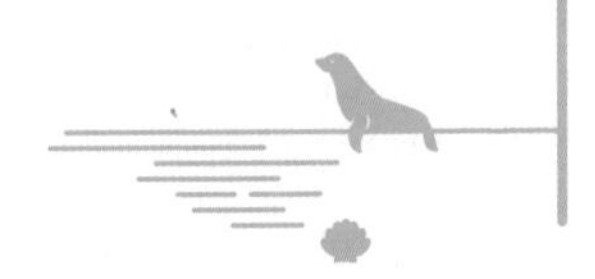

덴마크령 페로제도에서는 해마다 특정 시기가 되면 바다가 고래들이 흘린 피로 붉게 물든다. 여름 무렵이면 남녀노소 모두 참가하는 고래잡이 축제가 개최되는데, 이내 바닷가에 몰려든 사람들은 커다란 들쇠고래 사냥에 여념이 없어 보인다. 수십 마리에서 때로는 수백 마리의 고래가 처참하게 해변에 널브러져 있고, 칼을 든 사람들은 핏빛 살육을 이어간다. 북대서양의 고립된 섬나라에서는 왜 매년 이렇게 잔혹한 고래 학살을 벌이는 것일까?

북극에서 가까운 페로제도에서는 예전부터 먹거리가 귀했다. 작물이 잘 자라지 못하는 척박한 환경 때문에 페로인들은 자연히 농사보다는 목축과 사냥에 집중할 수밖에 없었고, 양과 소 등 가축을 길러 먹거나 바다로 나가 물고기와 바닷새 등을 잡아 생

바다를 피로 물들이는 페로제도의 고래학살축제. © Erik Christensen, commons.wikimedia.org

활해왔다. 그래서인지 고래 사냥은 천 년 전부터 이어져왔다고 한다. 그래서 자연히 페로제도의 문화 및 전통 생활의 일부분이 되었다는 것이다. 실제로 1298년에 만들어진 페로 법령에도 고래 사냥이 언급되어 있고, 들쇠고래 배몰이 사냥의 가장 오래된 기록은 1584년에 나온다고 하니 돈벌이 목적의 상업포경과는 분명히 역사적 맥락이 다르다.

주민들의 기본적인 식생활이란 측면에서 페로제도의 고래잡이는 대형 고래를 제외하고 중소형 고래류에 대해서 국제적으로도 허용되고 있다. 페로인들은 고래고기를 저장해두고 겨울 양식으로 먹기도 하고, 고래의 풍부한 지방을 식품이나 기름으로 요긴하게 사용하며, 이밖에 고래의 여러 부위를 화장품, 약용, 기타 도구 등으로 이용한다. 그래서 페로제도의 자치정부 역시 자체적으로 주민들의 고래 사냥을 허가하고 있으며, 인근 바다의 고래 개체수를 고려하여 매년 포획량을 조절하는 등 나름 지속 가능한 방식을 유지한다고 한다는 것이다.

이런 전통적 고래잡이와 현대적 고래잡이는 같은 것일까?

세계적으로 고래 포획이 과거와 현대가 근본적으로 달라진 사정이 있다. 급격한 산업화 이후 기계를 이용해 대규모로 고래들을 잡아들이면서 과거에 많았던 고래 개체수가 빠른 속도로 감소하고 있는 것이다. 여기에 지구온난화, 플라스틱 쓰레기 증가, 과도한 어업 활동에 의한 고래류 혼획, 광범위한 해양오염 등에 의해 고래류의 서식처가 줄어들거나 파괴되면서 고래들이 멸종위기에 내몰리고 있는 형편이다.

인간이 직접 고래를 사냥하는 숫자는 줄어들었지만 고래 개체수는 증가하는 것이 아니라 오히려 줄어들고 있는 것이다. 페로제도에서는 사냥 방식과 사냥 도구 지정 그리고 면허제도 도입 등의 규제를 통해 지속 가능한 고래잡이 전통을 이어가고자 하지만 세계적으로 더 이상 고래잡이가 지속 가능해지지 않고 있어서 커다란 문제가 되고 있다.

그렇다면 페로제도에서 고래 사냥은 어떻게 이뤄질까? 페로인들은 고래 무리가 섬 가까이 접근할 경우 언제든 사냥을 시작한 준비를 하고 기다린다. 그리고 인근에서 고래들이 발견되면 즉각 포경선들이 출동해 반원 형태로 모여들어 고래들을 포위한다. 특히 사회성이 높은 것으로 유명한 들쇠고래들은 많은 무리를 지어 바다를 여행하는데 페로제도 인근에 다다르게 되면 사냥의 주요 대상이 된다. 이들은 참거두고래, 둥근머리고래, 파일럿고래 등 여러 이름으로 언론에 나오는데 고래연구센터가 정한 한국어 공식 명칭은 들쇠고래다.

포경선들은 돌을 던져 고래를 쫓으면서, 정부에 의해 허가된 해변이나 피오르드 안쪽으로 고래 무리를 몰아간다. 해변에서는 미리 연락을 받고 기다리던 사람들이 특별히 고안된 칼로 고래의 척추를 찔러 죽인다. 척추가 끊어진 들쇠고래는 바로 죽기 때문에 이는 잔인한 학살이 아니라 인도적인 방식의 도살이라는 것이 페로인들의 설명이다.

그러나 고래 학살을 모니터링해온 동물보호단체 활동가들은 고래들이 찔린 뒤 즉시 죽지 않고 짧게는 수 분, 길게는 15분가량 살아 있는 경우도 있다고 한다. 이런 비판을 피해가기 위해 페로 정부는 고래 학살에 대한 세부 규정을 마련해놓았지만, 그렇다고 학살이 인도적인 처우가 되는 것은 아니다. 페로제도에서는 고래 사냥에 작살이나 창, 총포류 등은 사용할 수 없다. 그 대신 밧줄에 매단 갈고리가 허용되는데, 이 도구는 연안에 포위된 고래들이 도망가지 못하게 찌르거나 또는 죽은 고래의 숨구멍에 갈고리를

시셰퍼드에서는 매년 페로제도에서 벌어지는 고래학살 중단 캠페인을 벌이고 있다. © 시셰퍼드

찔러넣고 걸어 당기면서 해변으로 끌고 올 때도 사용된다.

페로제도 고래 학살의 또 다른 쟁점은 고래가 흘린 피로 바다가 붉게 물든다는 점이다. 등지느러미 부위에서 척추가 끊어져 죽은 들쇠고래는 엄청난 피를 흘리며 해변에서 죽어간다. 페로인들은 고래가 죽으면 바로 목을 갈라서 피를 모두 빼내면서 그대로 얼마간 놓아두는데, 그 이유는 고래 사체에 피가 남아 있으면 혈액이 산화하면서 고기가 빨리 부패하게 되고, 고기 맛이 떨어지기 때문이라고 한다.

한국의 울산, 부산, 포항 지역에서 유통되는 고래고기에서도 이와 같은 사실을 확인할 수 있다. 한국에서 판매되는 고래고기 중에서 신선하고 냄새가 안 나는 고기가 있다면 이는 불법으로 포획된 고래일 확률이 매우 높다. 그 이유는 불법으로 포획된 고래의 경우 업자들이 신선도를 유지하기 위해 고래를 사냥한 뒤 그 즉시 바다 한복판에서 바로 피를 빼내고 해체해 물속에 보관해두기 때문이다. 반면 시중에 합법적으로 유통되는 고래고기는 고래가 그물에 걸린 채로 죽어서 하루 또는 며칠 후에 발견되어 경매가 진행되고 나중에 해체되는 경우인데, 이 때문에 혈액의 산화가 시작되어 고기에서 특유의 이상한 냄새가 나고 맛도 떨어지는 이유가 된다.

그래서 시중 고래고기 식당에서는 특별히 단골손님들에게만 '냄새도 안 나고 신선한 고래고기가 입고되었습니다'는 안내 문자를 보내기도 하는데, 이는 죽은 뒤 바로 해체된, 즉 불법으로 포획된 고래고기라는 뜻이다. 신선한 고래고기를 먹으려면 피를 볼 수밖에 없다는 뜻이다.

페로제도에서는 들쇠고래 이외에도 큰돌고래, 낫돌고래, 쇠돌고래 등이 학살되며, 매년 그 숫자는 1,000마리가량이다. 페로제도는 역사적으로 노르웨이와 덴마크에 복속되었는데, 잡힌 고래 한 마리마다 본국에 세금을 내야 했으므로 수백 년 전부터 매년 몇 마리의 고래가 잡혔는지 매우 자세하고 정확한 통계가 남아 있다. 최근 1900년부터 1999년까지 백 년간 매년 1,225마리의 고래류가 페로제도에서 학살되었고, 1980년에서 1999년 사이에는 매년 평균 1,500마리 고래가 포획되었다. 21세기 이후 숫자는 약간

페로제도 고래잡이에서 잡힌 수많은 대서양낫돌고래.
© Erik Christensen, commons.wikimedia.org

줄어들었지만 악명 높은 '배몰이' 방식의 사냥은 그대로 유지되고 있다.

그리고 매년 배몰이 방식의 잔인한 돌고래 학살로 세계적 지탄을 받는 일본의 다이지 마을과 페로제도의 클락스비크시가 2017년 8월 자매결연을 했다는 소식도 충격을 준다. 서로 비슷한 관습을 가진 도시끼리 결연을 맺는다는 것인데, 동서양의 고래류 학살자들이 손을 잡은 섬뜩한 동맹처럼 보인다. 두 도시는 협약문 초안에서 "고래류를 포함한 수산자원을 지속 가능하게 이용해 나가겠다"라고 포부를 밝히고, 앞으로 공동으로 교육과 관광 등을 진행하겠다고 하는데, 고래의 입장에서 본다면 독일 나치와 일본 천황제가 제2차 세계대전으로 온 세계를 파멸로 몰고 간 광기처럼 여겨질 수도 있다.

고래고기의 중금속 오염 문제는 이미 여러 차례 지적되어왔으나 2008년에 다시 한 번 페로제도 자치정부의 보건국장과 과학자들이 들쇠고래 고기에 수은과 환경호르몬에 속하는 PCB 그리고 맹독성 살충제 성분인 DDT가 고농도로 농축되어 있어 식용으로는 부적합하다고 권고했다. 하지만 페로정부는 고래 사냥을 금지시키지는 않았고, 그 대신 식품안전국장은 한 달에 한 끼 정도의 고래고기와 지방 섭취로 제한할 것과 특히 젊은 여성과 임산부 그리고 모유 수유 중인 여성의 고래고기 섭취 중단을 권고하는 것에 그치고 말았다.

핫핑크돌핀스는 페로제도의 고래 학살에 항의하면서 2015년부터 성명서를 발표하고, 주한 덴마크대사관에 여러 차례 고래 사냥을 중단할 것을 촉구했다. 그러나 덴마크대사관에서는 페로제도가 덴마크에 속해 있지만 자치령이라 덴마크 정부에 관할권이 없다면서 이에 대한 책임을 회피하고 있다. 한국과 일본, 그리고 페로제도에서도 야만적인 학살을 전통으로 포장해 옹호하는 일은 없어져야 한다. 바다가 위기에 처한 지금, 고래 학살은 그만둘 때가 되었다.

고래 사냥 세계 1위 국가는 **어디일까**

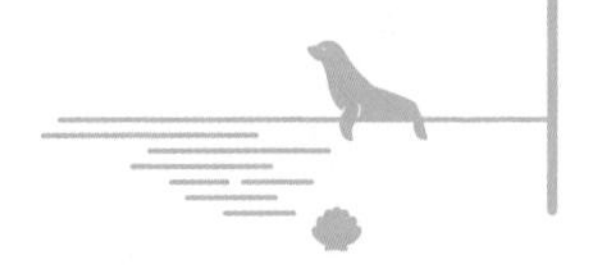

전 세계에서 매년 10만 마리에 이르는 소형 고래류가 의도적인 포획으로 죽어가고 있다는 충격적인 보고서《소형 고래, 커다란 문제Small Cetaceans, Big Problems》가 발표되었다. 영어로 된 보고서 원문은 핫핑크돌핀스 홈페이지에서 내려받을 수 있다.

일본과 덴마크 페로제도의 고래류 사냥은 비교적 잘 알려져 있지만, 남미의 여러 나라에서 매년 수만 마리의 돌고래가 포획되고 있다는 사실을 아는 사람은 드물다. 특히 페루의 돌고래 사냥은 제대로 알려지지 않았다. 나라별로 이뤄지고 있는 고래류 사냥의 총결산이라 할 만한 이 보고서에 의하면 전 세계 고래 사냥 1위 국가의 불명예는 페루가 차지했다. 금시초문이다. 마추픽추

유적을 간직한 안데스산맥의 나라 페루가 돌고래 사냥국이라니?

남태평양과 접한 페루에서는 지금도 매년 5,000마리에서 1만 5,000마리가량의 돌고래가 의도적인 사냥으로 포획된다. 돌고래 고기와 피하지방이 식용으로도 거래되지만 주로 상어를 잡기 위한 미끼로 쓰인다. 페루에서는 상어를 왜 그렇게 많이 잡을까? 샥스핀의 식재료인 상어 지느러미가 높은 가격에 거래되기 때문이다. 상어 지느러미 하나당 1,000유로, 한국 돈 약 130만 원에 거래되다 보니 많은 페루 어부들이 상어잡이 조업에 나서고 있는 것이다. 상어잡이에 사용되는 조업 방식은 주낙(긴 낚시줄에 여러 개의 낚시를 달아 낚는 기구를 사용하는 방식으로 연승어업이라고도 함)과 자망(물고기 떼가 다니는 길목에 그물을 치는 방식)이 있는데, 두 가지 낚시 모두 미끼로 돌고래 고기와 돌고래 지방을 사용한다.

그런데 상어 지느러미는 언제부터 이런 고가에 거래되었을까? 가격 급등은 1980년대 이후 벌어졌다. 중국계 인구의 가파른 증가와 과도한 어업에 따른 상어 개체수의 지속적인 감소가 영향을 끼쳤을 것이다. 주로 아시아 시장에서 샥스핀 수요가 높아졌고, 이를 충족하기 위해 동태평양에 인접한 페루, 코스타리카, 에콰도르 같은 남미의 나라들이 상어 지느러미를 공급하는 국제 무역의 형태가 자리를 잡기 시작했다.

상어 낚시를 위한 최적의 미끼가 돌고래라는 것을 알게 된 페루 어민들은 앞다퉈 돌고래를 사냥하기 시작했고, 1990년대 중반에 이르면 페루에서만 매년 2만 마리 이상의 돌고래가 상어 미끼로 쓰이기 위해 포획된다는 통계가 발표되었다. 국제사회의 압박 등으로 상황이 심각해지자 1996년 마침내 페루 정부는 돌고래 사냥을 불법으로 규정하고 단속을 시작했다. 하지만 상황은 좀처럼 나아지지 않고 있다. 포획되는 돌고래 숫자가 약간 줄어들긴 했지만 아직도 완전히 통제되지 않고 있는 것이다.

설상가상으로 페루 정부에서는 돌고래 사냥 금지 조치 도입 이후 신뢰할 만한 고래류 사냥 통계를 내지 않고 있다. 이미 돌고래 사냥이 금지되었기 때문에 통계를 내는 것이 무의미하다는 설명이 뒤따랐다. 이에 따라 매년 몇 마리의 돌고래들이 밀렵으로 죽어 가는지 정확한 통계가 없다는 것이 커다란 문제로 지적되고 있다. 그래서 연구자들과 고래류 보호 전문가들은 페루에서 상어잡이 연승어업 등록 선박이 총 500척이고, 배 한 척이 1년에 평균 약 10회의 조업을 하며, 한 번 조업에 나갈 때 보통 돌고래 1~3마리를 잡아 상어 미끼로 사용한다는 사실을 근거로 페루에서 매년 5,000~1만 5,000마리의 돌고래가 무단으로 포획되고 있다고 추측하는 상황이다.

연중 따뜻하고 온화한 동태평양 페루 앞바다는 많은 해양생물들의 보금자리로서 특히 상어와 돌고래의 집단 서식처이며, 생태적 가치가 매우 높다. 이곳에서 사냥되는 돌고래 종류는 주로 더스키돌고래(흰배낫돌고래), 큰돌고래, 참돌고래, 버마이스터돌고래 등인데, 이밖에도 들쇠고래, 큰머리돌고래, 흑범고래, 점박이돌고래와 여러 종의 부리고래들이 페루 해역에서 살아가는 것으로 알려져 있다. 문제는 이 고래들의 총 개체수가 얼마인지도 정확히 알려지지 않아서 이런 식의 돌고래 사냥이 야생 돌고래의 생존에 얼마나 영향을 끼치며, 앞으로 얼마나 지속 가능한지에 대해서도 잘 알려져 있지 않다는 것이다.

페루의 돌고래 포획에서 주로 사용되는 사냥 도구는 역시나 작살이다. 작살에는 손으로 던지는 작살도 있지만, 대포처럼 사격하는 작살포도 있다. 커다란 고래까지 단숨에 잡을 수 있는 작살포가 발명되자 전 세계 바다는 고래가 흘린 피로 붉게 물들기 시작했다. 보통 소형 고래인 돌고래 사냥에서는 선박이 돌고래 떼를 지칠 때까지 쫓아가서 가까이 접근한 다음 작살을 던지거나 소총을 쏘아 잡는다. 페루 정부는 법으로 금지한 돌고래 사냥을 더욱 강력하게 시행하기 위해 2016년부터는 선박에 동물 사냥용 작살을 설치하거나 사용하기만 해도 처벌하는 법안을 도입했다. 그리고 돌고래를 불법포획한 어민들을 형사처벌하기 시작했다.

하지만 이는 페루만의 문제가 아니다. 브라질과 콜롬비아, 베네수엘라, 과테말라, 볼리비아 등 대부분의 남미 국가에서 각각 매년 수천 마리의 돌고래들을 포획하고 있는 것이다. 이렇게 잡힌 돌고래들은 주로 메기 사냥을 위한 미끼로 사용된다. 한국은 고래류에 대한 불법포획과 의도적 혼획이 그나마 정부기관에 의한 통계로 잡히고 있으며, 매년 신뢰할 만한 수치가 발표되고는 있다.

그에 비해 남미의 많은 나라들은 고래들을 포획하면서 제대로 된 통계를 발표하지 않아 문제라는 지적을 받는다. 지구의 총인구는 76억 명을 넘어 여전히 가파르게 증가하고 있고, 그에 따른 수산물 수요도 급증하고 있다. 안 그래도 불법 어업이 판을 치고 있는데, 물고기와 해양포유류에 대한 수요를 줄이지 않으면 바다에서 해양동물의 씨가 마를 날이 머지않을 것이다.

의도적인 포획으로 죽어가는 소형 고래류에 대한 보고서 《소형 고래, 커다란 문제》(영문)

벨루가는
진짜 러시아 스파이일까

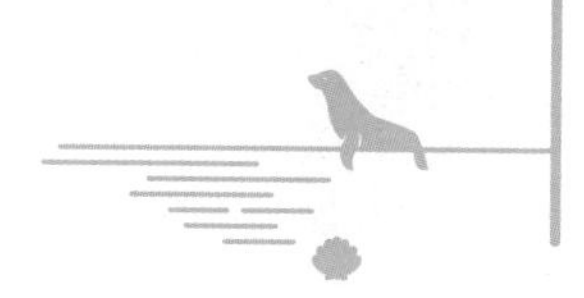

우크라이나에서 놀라운 소식이 하나 전해졌다. 2018년 5월 18일자 영국 일간 〈가디안〉 등 여러 해외 언론 보도에 의하면 2014년 러시아의 크림반도 점령으로 강제 합병된 우크라이나 소속 '군인' 돌고래들이 러시아 해군에 편입되는 것을 거부하며 단식 투쟁을 하다가 결국 조국을 위해 애국적으로 굶어죽었다는 것이다. 돌고래와 조국, 군사훈련, 단식투쟁, 자살 같은 생경한 단어들의 조합이라니, 가짜 뉴스가 아닐까 의심하며 이 내용을 좀 더 파고들어보기로 했다. 이미 널리 알려졌다시피 러시아와 우크라이나 그리고 미국은 돌고래와 바다사자 등을 훈련시켜 군사작전에 동원해오고 있으니 말이다.

동물을 군사 목적으로 이용하는 것에 대한 윤리적 비판이 거

이라크 걸프전에서 미 해군 소속으로 활동한 돌고래 케이도그.
© Brien Aho, US. Navy

세게 제기되었지만 강대국들은 이에 아랑곳하지 않고 돌고래가 가진 뛰어난 수중 음파탐지 능력을 활용해 바닷속의 기뢰 또는 폭발물을 탐지하도록 조련하는 해군 특수부대를 운영하고 있다. 바다사자 역시 수중 제한구역 안으로 침입하는 물체 등을 탐지하는 임무를 부여받아 해군 작전에 동원된다고 한다. 심지어 원격조종장치가 달린 폭탄을 부착한 돌고래가 이상 물체에 접근하여 이를 폭파시키는 공격 훈련까지 받고 있음이 동물보호단체에 의해 폭로되기도 했다. 미국 캘리포니아의 샌디에이고 해군기지와 크림반도 세바스토폴의 흑해함대 해군기지에서 해양동물 비밀병기 훈련이 진행 중이라는 것이다.

소련이 운영해온 크림반도 해군기지는 1991년 구소련 해체 이후 우크라이나 해군에 편입된 다음에도 돌고래 부대를 계속 운영했다. 그런데 이곳이 2014년 러시아 해군기지로 강제 병합되면서 돌고래들 역시 새로 부임한 러시아 조련관들의 명령을 받아야 하는 상황에 처하게 되었다. 군사 비밀이라서 이 군인 돌고래들에게 어떤 일이 벌어졌는지 자세히 알 수는 없었지만 당시 러시아의 국영 통신사 〈리아 노보스티〉의 보도에 의하면 러시아는 보다 효율적이고 새로운 수조 운영 프로그램을 마련해 흑해 돌고래부대를 계속 유지할 계획을 가졌던 것으로 전해진다.

그런데 크림반도의 우크라이나 정부 대표자 보리스 바빈은 병합 4년이 지난 2018년이 되자 이 군인 돌고래들이 대부분 죽어버렸는데 돌고래들이 러시아 해군에 편입되기를 거부한 채 단식을 결행한 것이며, 결국 우크라이나를 위한 애국적 자살로 이어졌다고 발표한 것이다. 우크라이나 정부 대표의 이 같은 발언은 떠들썩한 기사 거리를 제공했다.

과거에 남한과 북한이 서로 총부리를 겨누고 서로 가시 돋친 이데올로기 설전을 벌이며 극한적인 군비경쟁을 벌여온 것처럼 지금 러시아와 우크라이나는 크림반도를 놓고 극도의 군사적 갈등을 벌이고 있다. 이런 가운데 심지어 돌고래까지 체제 선전용 이념 공세에 활용되고 있어 씁쓸함을 금할 수 없다. 돌고래의 애국적 자살은 과연 가능한 이야기일까?

수조에 갇힌 사육 돌고래가 인간과 교감하며 특히 조련사와 감정적 유대를 맺는 경우는 자주 있다. 이와 같은 정서적 유대 관계가 외부 상황에 의해 폭력적으로 깨지고 말았을 때 돌고래들 역시 심한 우울증을 겪기도 한다. 2013년 대법원 몰수 판결을 받고도 2년간 바다로 돌아가지 못할 정도로 정신적 고통을 겪었던 남방큰돌고래 태산이와 복순이도 먹이를 제대로 먹지 않았고 누군가는 단식투쟁이라고 부를 법한 우울증 증상을 보였다. 친하게 지내던 다른 돌고래들이 갑자기 떠나고 서울대공원 돌고래관에 홀로 남은 큰돌고래 태지가 물속에서 밖으로 나오는 등의 자해행동을 보인 것도 이와 비슷한 맥락이다.

우크라이나 정부는 강제로 빼앗긴 자국의 돌고래들이 러시아의 압제에 맞서 죽음으로 저항했다는 사실을 알려 국민을 선동하고 싶었겠지만, 실은 단식투쟁이나 자살은 감금 상태의 돌고래들이 자주 보이는 우울증 증상인 것이다. 우크라이나 정부는 이를 애국적 투쟁으로 미화했다. 그러기에 돌고래들이 조국을 위해 죽었다는 우크라이나 정부 관료의 말은 신뢰하기 어렵지만, 아마도 극심한 스트레스 상태에 놓였을 이 돌고래들이 대부분 죽었다는 것은 사실일 것이다.

물론 그렇다고 해서 러시아가 군사 목적의 돌고래 활용을 중단하지는 않을 것이다. 왜냐하면 크림반도 해군기지 인근 흑해는 큰돌고래의 주요 서식처이니 충분히 새로운 '징용'이 가능할 것이기 때문이다. 러시아가 돌고래를 군사 목적으로 여전히 훈련시키

미 해군 소속으로 순찰 훈련 중인 바다사자. © US Navy

고 있다는 사실 때문에 비난을 받고 있는데, 미국 역시 비난에서 자유로울 수 없다. 2015년 3월 29일자 〈로스앤젤레스타임스〉 기사에 의하면 미 해군은 샌디에이고 해군기지에서 수중 군사작전에 사용되는 돌고래 90마리와 바다사자 50마리를 매일 훈련시키고 있다고 한다. 이를 위해 미국 정부가 지출하는 한 해 예산이 약 280억 원이다. 전쟁 준비를 위한 군사훈련 자체가 본질적으로 비윤리적인 일이지만, 특히 동물을 군사 목적에 사용한다는 것은 더욱 비인도적인 처사가 아닐 수 없다.

이런 가운데 2019년 4월 노르웨이 북극 해안에서 러시아 스파이로 의심되는 흰고래가 발견되어 국제적으로 화제가 되었다.

이 벨루가는 며칠 동안 노르웨이 선박 주변을 배회하며 먹이를 달라고 입을 벌린 채 적극적으로 다가왔다. 그런데 이 벨루가에 달린 몸줄에 고프로 카메라를 매달 수 있는 거치대가 붙어 있었고, 거기에 러시아 상트페테르부르크 소유라는 표시가 되어 있었다는 것이다. 이를 근거로 한국을 비롯한 세계 언론은 이 벨루가가 러시아 군사훈련을 받은 스파이라고 소개했다.

이 벨루가는 진짜 러시아 스파이일까? 가짜 뉴스일 가능성이 높다. 해당 장치가 실제 러시아에서 사용되고 있는 종류는 아닌 것 같다는 게 중론이다. 물론 러시아 해군이 오랫동안 고래들을 군사용으로 훈련시키고 있기에 이 벨루가가 러시아 해군 훈련을 받았을 가능성을 완전히 부정할 수는 없을 것이다. 그러나 언론에서 별다른 확인 없이 이 고래가 러시아 군사시설을 탈출한 스파이라고 연일 보도하고 있으니 문제다.

최근 알려진 자료에 의하면 러시아, 우크라이나 그리고 미국 해군이 군사작전에 사용하는 해양동물을 모두 합하면 총 140마리에 달하는 것으로 추산된다. 동물실험과 함께 동물의 군사적 이용도 반드시 금지시켜 나가야 한다. 해양동물에게 고향 바다는 있어도 '조국'은 없다.

멸종위기 해양동물들,
내년에도 볼 수 있을까

어느 한 종의 생명체가 지구상에서 영영 사라져버리는 멸종은 지구온난화로 인한 기후 위기가 심해지면서 앞으로 더욱 잦아질 전망이다. 현재 가장 심각한 멸종위기에 처한 해양수생동물으로는 어떤 종들이 있을까?

가장 먼저 바다의 판다로 알려진 바키타돌고래다. 2018년 5월 기준으로 전 세계에 12~15마리밖에 남지 않았다. 세계에서 가장 작고 귀여운 돌고래 또는 가장 희귀한 돌고래로 알려진 바키타는 멕시코의 칼리포르니아만 북부에서만 발견되는 고유종으로, 불법으로 설치된 그물에 혼획되거나 과도한 어업으로 희생되면서 개체수가 급감했다. 2017년에 30마리 남았다는 보고가 발표되자 멕시코 정부에서는 뒤늦게나마 대책을 마련했고, 과학자들의 종

멸종 직전에 몰린 바키타돌고래. © Paula Olson, NOAA

보전 긴급 프로젝트가 시행되었으나 이미 한계선 이하로 떨어져 버린 상황을 되돌리기엔 시간이 너무 부족했다.

바키타돌고래를 멸종으로 몰고 간 것은 멕시코 해안에 늘어선 촘촘한 자망 때문이다. 물고기들이 지나는 길목 한가운데 펼쳐진 자망 그물은 흔히 '죽음의 벽'이라고 불린다. 긴 것은 3킬로미터가 넘는데, 이 그물에 물고기만 걸리는 것이 아니라 돌고래, 바다거북, 물개 등 온갖 해양동물이 걸려든다. 자망은 싹쓸이 방식으로 알려진 저인망어업, 수천 개의 갈고리바늘을 달고 바다 한가운데 늘어선 연승어업과 함께 혼획을 일으키는 3대 어업 방식으로 꼽힌다.

멕시코의 자망이 바키타를 멸종으로 몰고 갔다면 한국의 자

갠지스강에서 서식하는 인도의 강돌고래. © commons.wikimedia.org

망은 토종 돌고래 상괭이를 위협하고 있다. 한국 서해안은 자망이 많기로 유명한데, 정부의 통계에 따르면 서해안 자망 실사용량은 한국 전체 해안선 길이의 16배에 달한다고 한다. 바다가 모조리 그물로 채워져 있는 셈이다. 이 때문에 상괭이는 바키타와 비슷한 상황에 처해 있다. 매년 1,000마리가 넘는 상괭이가 그물에 우연히 걸려 죽고 있으며, 이 토종 돌고래 사체가 서해안 항구에서 무더기로 죽은 채 방치되고 있다. 이미 개체수가 90퍼센트 줄어든 상괭이는 어쩌면 바키타와 같은 운명을 맞이할지도 모른다.

갠지스강에 살고 있는 인도 강돌고래 역시 위험한 상황을 맞이하고 있다. 인도 정부는 강 하구 벵골만에서 인도 중부 바라나시에 이르는 갠지스강 중부 구간에 무려 111개의 물류 터미널을 건설하고자 한다. 수로와 육로를 연결해 화물운송을 하겠다는 이유로 강의 수심을 2~3미터 유지하고 강폭을 60미터로 넓히는 준설을 통해 무려 2,000톤에 이르는 화물선을 갠지스강의 중류 알라하바드까지 운행할 수 있게 한다는 것이다. 한국의 4대강 사업이 연상되는 갠지스강 물류 터미널 공사는 강의 생물다양성을 해칠 것이며, 소음과 오염의 증가로 2017년 말 현재 약 3,500마리 정도 남은 것으로 추산되는 인도 강돌고래의 생존에 치명적인 결과를 가져올 것이다.

동남아시아의 젖줄 메콩강에 살고 있는 이라와디돌고래 역시 비슷한 운명이다. 이들은 2018년 말 현재 92마리가 생존해 있는 것으로 알려졌다. 그런데 캄보디아가 북동부 메콩강 일대에 댐 건설을 추진하면서 이들 역시 풍전등화의 운명에 처해 있다. 원래 메콩강 전역에서 발견되었던 이라와디돌고래는 많은 개체수가 베트남전쟁 중 폭격에 의해 희생된 것으로 알려졌다. 하지만 누구도 메콩강에서 정확히 얼마나 많은 돌고래가 전쟁 통에 사라졌는지 알지 못한다. 다만 캄보디아 주민들은 어렸을 때 1,000~2,000마리의 이라와디돌고래가 있었다고 증언하고 있다. 미국은 베트콩들이 메콩강 북부를 통해 군수물품을 수송한다고 여겨 1964년부터 1975년 사이에 폭탄 270만 톤을 강에 집중 투하했다. 폭격은 소리에 민감한 강돌고래들에게 회복하기 힘든 타격을 주었다. 겨우 살아남은 돌고래들도 평생 장애와 후유증을 안고 살아가야 했을 것이다.

전쟁이 끝났지만 돌고래들에게 평화는 오지 않았다. 전후 캄보디아인들은 메콩강에서 총과 다이너마이트로 돌고래들을 사냥했다. 고기와 기름을 쉽게 구할 수 있었기 때문이다. 1997년 조사에서 200마리가 남았다는 소식이 전해지자 비로소 이라와디돌고래들을 위한 보호책이 마련되었다. 하지만 지난 십 년 사이 개체수는 다시 절반으로 줄어들었고 이제 100마리 이하에 머물고 있다. 지금 캄보디아 정부의 계획대로 크라체 지역에 수력 발전용 댐이 건설된다면 메콩강에 남은 이라와디돌고래들은 자취를 영영 감추게 될 것으로 보인다.

강돌고래는 매우 특이한 진화의 역사를 거쳤다. 우선 고래는 육지에 살던 포유류가 바다로 다시 돌아간 해양포유류다. 이 가운데 강돌고래는 바다에 살던 고래들이 다시 강의 조건에 맞게 진화했기 때문에 두 번의 커다란 변화 과정을 거쳤을 것이다. 오랜 시간 지구 환경의 변화에 맞춰 살아남아온 이 해양수생동물들이 어쩌면 영영 지구상에서 사라질지도 모른다. 개발과 보전은 인류의 역사가 지속되는 한 언제나 논쟁거리가 되겠지만, 특히 생태계의 균형을 유지하는 데 중요한 역할을 하는 종이 멸종위기에 처해 있다면 생태계 보전을 위해 규제는 필수적이지 않을까? 앞으로 오랫동안 바키타돌고래와 상괭이와 인도 강돌고래와 오키나와 듀공과 이라와디돌고래 들이 사라지지 않고 인간과 공존할 수 있기를 바란다.

4부
위기에 빠진 고래들

돌고래 야생방류가 **변화시킨 것들**

세상은 변한다. 사람들의 인식은 빠른 속도로 변하고 있는데, 제도가 이를 따라가지 못한다. 한국에서는 2010년대 이후 고래류 관련 내용과 뉴스가 많은 이들의 관심을 받으며 중요한 사회적 이슈가 되고 있다. 특히 바다에서 불법으로 포획되어 수족관에서 쇼를 하다가 천신만고 끝에 다시 바다로 돌아간 돌고래들의 이야기는 많은 이들에게 감동을 준다. 한국은 쇼 돌고래 일곱 마리를 고향인 제주 바다로 돌려보냈고, 이 가운데 세 마리는 야생에서 새끼까지 낳아 잘 지내고 있는 모습이 확인되었다.

70퍼센트가 넘는 시민들이 제돌이 방류는 잘한 일이라고 생각한다는 여론조사도 발표되었다. 서울시가 500명의 시민을 대상으로 설문을 진행한 결과 74.2퍼센트는 남방큰돌고래 제돌이 방류 결정에 만족한다고 답했고, 89.6퍼센트는 방류가 이들의 종 보전에 도움 된다는 데 동의했다. 한은경 성균관대 신문방송학과 교수는 제돌이 방류와 관련한 언론 보도의 가치를 분석한 결과 820억 원으로 집계됐다고 발표했다. 제돌이의 방류 사업을 경제 가치로 환산하면 5년간 693억 3200만 원에 달한다는 연구결과도 있다.

경제적 가치보다 중요한 것은 사람들의 인식변화다. 다른 동물원도 돌고래를 방류해야 한다는 문항에 찬성이 86.2퍼센트, 반대가 13.8퍼센트였고, 돌고래 쇼는 필요하지 않다는 답이 72.7퍼센트로 필요하다는 의견 27.8퍼센트를 압도한 것이다. 어느덧 돌고래 쇼는 동물학대라는 인식이 자리를 잡아가고 있는 것이다. 이 과정에서 자연스럽게 '동물권'과 '동물복지'가 한국 사회의 중요한 화두가 되었다. 이른바 '제돌이 효과'다. 박탈되었던 자유를 되찾은 돌고래가 드넓은 바다로 방류되어 야생 무리와 어울려 행복하게 헤엄치는 모습은 자연이 줄 수 있는 커다란 감동이다.

동물이 행복하면, 또는 동물이 행복해야 자신도 행복하다고 느끼는 한국인이 점점 늘어나고 있다. 그래서 대전의 동물원 우리가 잠깐 열린 틈을 타고 바깥으로 나왔다가 사살된 퓨마 이야기에 격한 반응을 보이는 시민들이 많은 것이 전혀 놀랍지 않다. 돌고래 쇼, 원숭이 쇼, 코끼리 쇼, 흑돼지 쇼 등 동물 쇼가 여전히 진행된다는 소식에 시민들은 한목소리로 동물원과 수족관을 폐

돌고래를 바다로 돌려보내자.

쇄하라고 호소한다. 좁은 곳에 가두지 말라는 것이다.

해양 쓰레기를 먹고 죽은 고래와 바다거북의 이야기가 자주 들려온다. 제주 바다에서 발견된 고래와 바다거북의 뱃속에서도 쓰레기가 무더기로 발견되었다. 소화되지 않은 플라스틱 쓰레기가 뱃속에 가득 찬 채로 굶주려 죽었을 해양동물의 고통에 시민들은 열렬히 공감하고 있다. 이런 공감을 바탕으로 한국 사회가 그동안 동물을 어떻게 처우해왔는가, 그리고 어떤 정책을 펴고 있는가에 대해 시민들은 꼼꼼히 살펴보고 있다.

환경부가 2018년 3월 '야생생물 보호 및 관리에 관한 법률' 시행령을 개정하여 일본 다이지 마을에서 잔인하게 포획된 쇼 돌고래들의 국내 반입을 금지시켰을 때 많은 시민이 환호했던 이유도

돌고래를 바다로 돌려보내자.

여기에 있다. 일본의 야만적인 고래 사냥은 이미 국제적으로 널리 알려져 있으며, 이렇게 포획된 돌고래를 한국이 수입하여 공연장에 가두고 돌고래 쇼를 시키는 것에 대해서 시민들은 심각한 문제의식을 갖고 있다. 그리고 일본 돌고래를 수입하는 것은 결국 일본의 비인도적인 돌고래 포획에 동조하고 이를 용인하는 것과 다르지 않다. 2010년부터 2017년까지 한국은 중국 다음으로 일본 다이지에서 포획한 쇼 돌고래를 많이 수입한 나라였다. 한국이 세계 2위 돌고래 수입국이라는 오명을 이제 씻기로 한 것에 대해 시민들은 박수를 보냈다.

돌고래 방류와 수입 금지 등 한국 정부는 해양동물을 보호하기 위한 노력을 기울이기 시작하는 것으로 보인다. 해양수산부는 제주 남방큰돌고래와 토종 돌고래 상괭이를 보호 대상 해양생물로 지정하여 이들을 보호하기 위한 제도적 기반을 마련하기도 했다. 그러나 아직 갈 길은 멀다.

국내 수족관 일곱 곳에 큰돌고래와 흰고래 벨루가 등 고래류 38마리가 갇혀 있다. 모두 바다로 돌려보내야 한다. 나아가 고래류의 수입과 공연, 전시를 모두 금지해야 한다. 볼리비아, 칠레, 코스타리카, 크로아티아, 사이프러스, 헝가리, 인도, 니카라과처럼 우리 역시 고래류 전시 금지국 대열에 동참해야 한다.

돌고래 야생방류는 돌고래 쇼를 바라보는 시선을 바꾸며 한국 사회를 서서히 변화시키고 있다. 하지만 한국 정부가 돌고래 방류 선진국이라면서 자화자찬하는 사이 밍크고래 등 대형 고래류는 여전히 수난을 당하고 있다.

밍크고래의
끊임없는 수난

밍크고래는 지금 한국 해역에 거의 유일하게 남은 대형 고래다. 최대 크기가 약 9미터 정도이니 보통 대형 고래라고 부르는 수염고래 가운데서는 가장 작은 축에 속한다. 하지만 다른 수염고래들이 모두 과도한 포획으로 사라진 한국 바다에서 유일하게 살아남아 있다. 초기 상업포경의 역사에서 다른 수염고래들보다 크기가 작다는 이유로 포획을 면했기 때문이고, 이것이 역설적으로 유일하게 개체수를 보전하는 계기가 된 것이다.

그런데 그렇게 목숨을 부지해온 밍크고래의 운명이 풍전등화에 놓여 있다. 고래연구센터는 한국 해역에 남은 밍크고래의 개체수를 1,600마리 정도로 추산하고 있다. 서해안과 남해안에 1,000마리, 동해안에 600마리 정도가 남아 있다는 것이다. 매년

대형 고래 중 꽤 작은 축인 밍크고래. 한국 바다에서 살아 있는 밍크고래를 보기는 쉽지 않다.
© NOAA

한국에서 혼획과 불법포획으로 죽는 밍크고래가 200마리 정도이니, 지금은 더 줄어들었을 것이다. 이 고래들은 한국에 130개 정도로 집계된 고래고기 식당에서 판매되고 있다.

우연히 그물에 걸린 혼획으로 인정되어 합법적으로 유통되는 밍크고래는 2011년 95마리, 2012년 79마리, 2013년 57마리, 2014년 54마리 그리고 2015년 97마리로 최근 5년간 한 해 평균 76마리인 것을 감안하면, 밍크고래 혼획 숫자는 전혀 줄어들고 있지 않음을 알 수 있다. 울산, 부산, 포항 등지에서 고래고기를 먹는 자들이 여전하기 때문에 수요가 이어진다. 그런데 밍크고래는 공급보다 수요가 많기 때문에 밍크고래 불법포획이 성행하는 원인이 되고 있다.

〈연합뉴스〉는 2016년 5월 25일자 기사 '당신이 밍크고래 고기 먹었다면, 70퍼센트가 불법포획된 것'을 통해 다음과 같이 지적하고 있다.

> 밍크고래를 취급하는 국내 고래고기 음식점은 120여 곳으로 추정된다. 고래 축제가 열리는 울산 장생포에만 20여 곳이 몰려 있다. 고래고기 음식점마다 매년 적게는 2마리에서 많게는 6마리까지 밍크고래를 소비하는 것으로 알려졌다. 평균 2마리를 소비한다고 추정해도 한 해 소비량은 240마리 정도다.

핫핑크돌핀스는 매년 울산고래축제를 모니터링하면서 장생포 인근 고래고기 판매점에서 현장 실태조사를 벌였다. 2018년 울산고래축제 기간에는 장생포의 어느 고래고기 식당에서 "한 해 5~6마리 정도의 밍크고래가 우리 식당 한 곳에서 소비된다"라는 종업원의 증언을 듣기도 했다. 단순하게 계산해봐도 매년 100마리 이상의 밍크고래가 불법으로 포획되어 유통되고 있다는 추정이 가능하다.

〈경향신문〉 2018년 8월 18일자 기사 '그 많던 고래고기 식당은 어디로 갔나'에는 다음과 같은 장생포 주민의 증언이 등장한다.

> 밍크고래는 그물에 걸려 죽은 것(혼획)이 1년에 많아봐야 80마리 내외이고, 울산뿐만 아니라 다른 지역까지 유통이 되려면 80마리로는 어림도 없다.

계속해서 장생포의 한 고래고기 전문점 주인은 인터뷰에서 다음과 같이 밝힌다.

나도 단속에 걸려 (고래고기를) 압수당한 적이 있다. 유통증명서도 소매로 조금 떼 왔다고 하면 사본(실제로는 허위 증명서)을 갖고 있어도 어느 정도 눈감아주는 게 있다 보니 이 동네에서 장사하는 가게들로서는 조금이라도 이윤을 남기려면 포획 고래인 걸 알면서도 (납품)받는 것.

혼획되어 합법적으로 유통되는 밍크고래 공급으로는 수요를 감당할 수 없기 때문에 자연스럽게 불법포획이 만연해 있다는 것을 보여준다. 그런데 일부 인터넷 판매점에서는 원양 해역에서 잡았거나 해외에서 수입한 밍크고래 고기를 판매하고 있다는 증언도 나와서 문제는 더욱 복잡하고 심각해진다. 2018년 5월 27일 울산KBS 『뉴스9』는 '해외 밍크고래 유통?'이라는 기사에서 다음과 같은 업자의 증언을 보도한다.

○○ 고래고기 판매업체 관계자(음성변조)[녹취] : 우리나라에서 어차피 잡히는 게 없잖아요. 고래는요. 그래서 원양산 취급을 하고 있어요.

×× 고래고기 판매업체 관계자(음성변조)[녹취] : 우리나라 배가 멀리 나가요. 동해안보다 더 멀리 나가서 돌면서 (그물에) 그렇게 들어온 걸 원양산이라고 그래요.

일본 도쿄의 고래고기 판매점. © Stefan Powell, commons.wikimedia.org

한국에서 대형 고래가 제대로 보호받지 못하고 있는 문제는 이렇게 매년 많은 밍크고래가 불법으로 포획되어 버젓이 시중에서 유통되는 현실에서 적나라하게 드러난다.

그렇다면 이렇게 법망을 피해 시중에서 유통되는 고래고기는 몸에 좋을까? 흔히 고래고기는 불포화지방산, 오메가3, DHA 등 영양이 풍부해 특히 성인병 예방에 좋다고 알려져 있다. 판매업자들은 고래고기가 몸에 좋다고 '아무말 대잔치'를 벌인다.

> 성인병 예방에 좋고, 철분이 많아 아이들 건강에도 딱이죠. (울산 장생포 H 식당)
>
> 천식에 좋아요. 고래 지방이 워낙 고급이잖아. (부산 자갈치시장 P 식당)

판매업자들의 말을 듣고 있노라면 고래고기가 만병통치약처럼 들리기도 한다. 과연 그럴까? 핫핑크돌핀스가 2019년 5월 정보공개청구를 통해 식품의약품안전처에서 전해 받은 '고래고기 안전관리 기준 적용 보고'와 '고래고기 안전관리 기준 및 시험법 송부' 문건에 따르면 한국 정부가 고래고기에서 검출되는 중금속인 납, 카드뮴, 메틸수은, PCB에 대한 안전관리 기준을 만든 것으로 확인되었다. 이 기준에 따르면 납 0.5mg/kg 이하, 카드뮴 0.2mg/kg 이하, 메틸수은 1.0mg/kg 이하, PCB 0.3mg/kg 이하가 적용되어 있다.

식품의약품안전처 유해물질기준과는 해당 문건에서 "혼획 등으로 어획된 고래고기의 유통 전 안전관리를 위한 고래고기 안전관리 기준을 회신하오니 업무에 참고하"라고 밝히고 있다. 이는 정부가 처음으로 고래고기에서 검출되는 중금속의 안전관리 기준을 마련한 것이다. 시민단체들은 오래전부터 정부에 고래고기 안전관리 기준이 미흡함을 지적해왔다. 먹거리 안전을 위해 시중에서 유통되는 고래고기에 대한 정부 차원의 기준 마련 필요성을 꾸준히 제기한 것이다.

핫핑크돌핀스는 2017년 11월 26일 발표한 성명서 '국민건강 위협하는 고래고기 유통 중단하라'에서 밍크고래와 참돌고래 등 국내 시장에서 판매되는 고래고기에는 사람들이 즐겨 먹는 지방층에서 PCB와 PBDE가 높은 농도로 발견되고, 맹독성인 DDT 같은 잔류성 유기오염물질도 발견되고 있어서 건강에 나쁜 영향을 미칠 가능성이 높기 때문에 고래고기 유통을 중단시킬 것을 주장했다.

시셰퍼드코리아가 2018년 7월 울산고래축제가 열리는 현장에서 구입한 밍크고래고기 샘플 21점을 순천향대에 의뢰해 조사한 결과를 한번 보자. 울산과 포항, 부산 등 식당 13곳에서 식약처의 어류 기준치를 초과한 곳만 절반에 가까운 여섯 곳에 달했고, 포항 한 식당에서 수집한 고래고기 지방층의 경우 새롭게 마련한 기준치인 1.0mg/kg의 다섯 배가 넘는 수은(5.790mg/kg)이 검출되었다. 부산의 한 식당에서 수집한 고래 살코기에서는 중독 증상을 일으킬 수 있는 납이 기준치의 열 배에 달하는 양(5.287mg/kg)이 검출되었다.

그동안 시민사회의 줄기찬 요구에도 불구하고 식품의약품안전처와 해양수산부 등 정부기관에서는 '1986년 이후 국내에서 상업적 포경 자체가 금지되어 고래고기는 관리 대상이 아니다'라는 이유로 고래고기의 중금속 등 유해물질 기준을 마련하거나 조사한 적이 단 한 번도 없었다. 국민의 안전을 무시한 무책임한 처사였던 것이다. 이 내용이 언론을 통해 공론화되고서야 뒤늦게 고래고기 안전관리 기준을 마련한 식약처는 공개된 공문에서 이 기준을 "고래고기의 유통 전 해체, 매각 단계에서 해수부 등이 안전관리에 활용 가능"하다고 밝히고 있다.

전혀 알려지지 않았던 사실도 조사에서 밝혀졌다. 현재 시중에서 밍크고래라는 이름으로 판매, 유통되고 있는 고래고기의 27퍼센트가량이 DNA 검사 결과 실은 참돌고래, 상괭이 등 돌고래류로 드러났다. 소고기를 판매하는 식당에서 가격이 저렴한 젖소고기를 한우나 육우로 종을 속여 파는 경우가 간혹 있는데 이는 과태료 처분을 넘어 국립농산물품질관리원에 의해 형사입건 대상이 된다. 가격이 싼 돌고래를 가격이 열 배 가까이 비싼 밍크고래로 속아서 먹는 것은 젖소고기를 한우나 육우로 속아서 먹는 것과 마찬가지다.

일반인이 돌고래고기와 밍크고래 고기를 구분한다는 것은 거의 불가능한 상황이다. 그렇기 때문에 중금속 오염도가 훨씬 높은 돌고래를 밍크고래로 속여 판매하는 경우 형사처벌해야 하는데도 정부는 수수방관하고 있다. 정부가 고래고기는 식품이 아니기 때문에 관리 대상이 아니라고 무책임하게 손을 놓은 사이에 중금속에 오염된 고래고기가 시민의 건강을 위협하는 아찔한 지경에까지 이르게 된 것이다. 국제포경위원회IWC는 2012년 연례회의에서 고래 몸에 수은 같은 중금속과 오염물질이 다량 축적돼 있는 점을 근거로 '고래고기는 건강에 해롭다'는 내용의 결의안을 만장일치로 채택했다.

우연한 혼획인가
의도적인 포획인가

울산과학기술원 브래들리 타타르 교수는 2018년 3월 국제 학술지 〈마린 폴리시〉에 고래고기 소비에 관한 매우 흥미로운 소비자 연구 논문을 발표했다. 주 내용은 "고래고기 소비자들은 불법유통된 고래고기에 대해 부정적이지만, 불법유통 여부를 확인할 수 없는 상태서 고기를 구입한다"는 것이다.

울산에서 열리는 고래 축제 참가자 579명을 대상으로 설문조사를 실시한 결과 응답자의 88퍼센트가 포경을 금지해야 한다고 답했다. 2018년 7월 남방큰돌고래 제돌이 방류 5주년을 맞아 환경운동연합 바다위원회가 실시한 여론조사에서는 고래고기 식용의 찬반을 묻는 말에 응답자의 약 72퍼센트가 반대한다고 답했다. 두 가지 조사 모두 밍크고래 불법포획과 고래고기 유통에 대

울산고래축제는 공식 부스에서 고래고기 시식회까지 진행했다. 고래축제가 고래학대축제였던 셈.

해 국민의 절대 다수는 반대하고 있다는 것을 보여준다.

그렇다면 고래류 보호 주무부처인 해양수산부는 어떤 입장을 갖고 있을까? 지금까지 핫핑크돌핀스는 급감하는 밍크고래를 보호하기 위해서 보호종으로 지정할 것을 줄기차게 요구해왔다. 고래고기 유통 금지와 관리 대책을 묻는 핫핑크돌핀스의 공문에 해양수산부는 2015년 6월에 다음과 같은 답변서를 보내왔다.

> 정부는 고래 관리 조치를 철저히 하고 있습니다. 그러나 죽은 사체를 처리하기 곤란하고, 수요도 있기 때문에 고래고기 유통을 금지하기는 어렵습니다.

이것은 변명에 불과하다. 죽은 사체 처리 방법은 소각, 해양생태계 환원, 연구기관 증정 등의 방법도 있고, 고래고기 역시 시중 유통 3분의 2 정도가 불법임을 감안하면 강력한 행정조치로 수요 자체를 줄여 나가야 함이 옳으니 말이다. 최근 고래고기로 팔려나가는 밍크고래는 성체 한 마리 가격이 5000만 원을 넘는 경우가 잦아지고 있으며, 낙찰 가격은 점점 증가하고 있어서 1마리에 1억 원이 넘는 가격에 거래되는 경우도 있다.

언론에서는 밍크고래를 '바다의 로또'라고 즐겨 부른다. 참으로 저렴한 단어 사용이다. 이 로또를 맞으려고 일부 어민들은 밍크고래의 서식 환경과 이동 경로를 파악하여 고래들이 다닐 만한 바다 길목에 엄청나게 많은 그물을 던져놓고 고래들이 '우연히' 걸려들기를 기다리고 있다.

2010년부터 지금까지 밍크고래 7마리를 '혼획'한 동남호의 선장 박춘배 씨는 2013년 10월 18일 〈한겨레〉 기사 '고래는 운이 나빠 그물에 걸려 죽는 걸까'에서 밍크고래가 잡힌 곳은 북위 ○○에 경도 ○○라고 구체적으로 증언했다. 전라남도 여수 소리도 남방 10마일 해상이라는 것이다. 아마도 밍크고래들이 다니는 길목일 것이다. 선장은 이 인터뷰에서 솔직히 속내를 밝힌다.

고래를 많이 잡으셨네요.

"2011년에 4마리, 2010년에는 2마리 잡았어요. 7마리째예요. 안 그래도 주변에서 고래를 다른 고기처럼 잡는다고 합니다. 4마리 잡았을 때는 주변의 시선이 부담스러웠어요. 올해는 잠잠해서 이제 잡힐 때가 됐다고 생각했어요."

남들은 한 마리도 잡기 어렵다는데, 비결이라도 있나요?

"그건 이야기하면 안 돼요. 고래를 계획적으로 잡으면 징역살이합니다. 특별한 건, 고래가 다니는 길을 아는 거죠."

고래는 어떻게 잡혔나요?

"배 타는 사람들은 고기가 있는 곳에 고래도 온다는 것은 상식적으로 알아요. 고기를 잡으려고 투망을 하면, 그물이 가라앉는 데 시간이 걸리잖아요. 고래가 가라앉고 있는 통발을 먹으려다 줄에 몸이 걸리는 거죠. 7~8시간마다 그물을 걷어 올리니까 그날도 그사이쯤 죽었을 거예요."

현행 제도로는 고래가 실제 혼획됐는지 아니면 어민들이 어구에 걸린 고래를 놓아주지 않고 고의로 죽게 두었는지 확인할 수 있는 방법이 없다. 고래 몸이 작살에 찔렸는지를 확인하기 위해 해경이 금속탐지기로 금속 성분 검출 여부를 조사하고 육안으로 몸에 난 상처를 관찰하는 정도에 불과하기 때문이다. 그래서 현재 제도로는 혼획을 가장한 포획을 막을 수가 없다. 어민 입장에서는 고래를 살려줘봤자 얻을 수 있는 건 하나도 없는데, 고래를 팔면 비싼 고래고기 값을 벌기 때문에 혼획을 가장한 의도적인 포획인 경우가 많다. 일본의 상업포경까지 시작된 상황에서 한국인들의 불법포획까지 근절되지 않는다면 머지않아 한국 바다에

2019년 2월 17일 전남 여수시 삼산면 광도 인근 해상에서 약 10미터 길이 멸치고래가 그물에 걸려 죽은 채 발견됐다. 해양경찰관이 고래 포획 여부를 조사하고 있다. © 해경

서 밍크고래는 씨가 마를 것이 분명하다.

고래들은 다니는 길목이 있다. 사회집단을 이루고 살아가는 돌고래 역시 마찬가지여서 어느 길이 안전하고, 어느 길로 가면 위험한지 등의 중요한 정보를 무리의 우두머리인 암컷 돌고래를 통해 전수받는 것으로 알려져 있다. 어민들이 고래가 다니는 길을 알고 있다고 해서 그물에 우연히 걸린 혼획이 모두 의도적인 포획이라고 주장하는 것은 아니다. 다만 일부 전문가들이 넓은 바다에서 작살이 아니라 그물을 통한 밍크고래 포획은 거의 '불가능'하고, 그렇기 때문에 그물에 걸린 고래들은 우연히 걸린 것이 맞

다고 호소하는데, 그런 견해가 사실이 아니라는 점을 드러내고자 할 뿐이다.

한국 정부의 고래류 정책을 좌우하는 전문가들은 결국 바다에서 그물을 통한 밍크고래 포획이 불가능하기 때문에 현행 고래 고시 제도가 유지되는 방식, 즉 해경을 통해 고래의 몸에 외상이 있는지 없는지 육안으로 관찰하게 하고, 또한 금속탐지기로 고래 몸에 금속이 발견되지 않을 경우 혼획으로 인정하여 유통증명서를 발급하도록 하는 방식은 별로 문제가 없다고 주장한다. 혼획은 말 그대로 우연히 걸렸다는 것이다. 움직이고 있는 밍크고래에 배로 다가가서 그물을 던져서 포획하는 것은 거의 힘들 것이다. 하지만 고래들이 다니는 길을 알고 그 길목에 미리 촘촘히 그물을 쳐놓고 기다리는 것은 어떻게 보아야 할까?

고래들의 서식처와 고래 회유 지역 일대에 쳐놓은 그물은 야생동물이 지나는 길목에 쳐놓은 '올무'와 같다. 고래들이 우연히 그물에 걸린다고 하지만, 올무에 걸린 동물을 우연으로 인정하여 판매를 허락하는 일은 없다. 우연히 그물에 걸린 고래를 유통시키는 것은 우연히 올무에 걸린 멧돼지와 고라니를 시중에 판매하는 것과 같다. 다시 말해 혼획 고래의 유통은 밀렵을 인정해주는 것이 된다.

더군다나 고래는 항상 같은 길을 다니는 습성이 있는데, 이를 이용하여 혼획이 있던 해역이나 고래들이 다니는 길목에 집중적으로 통발이나 자망, 정치망 등 그물을 쳐놓는 행위를 현행 제도는 구별하지 못하며 잡아내지 못한다. 작살로 찌른 외상 흔적만 없고 몸속에 금속만 박혀 있지 않으면 혼획으로 인정되기 때문이다.

현행 고래보호제도인 '고래자원의 보존과 관리에 관한 고시', 일명 고래고시는 이처럼 올무를 인정해주고 있기 때문에 근본적인 한계가 있다. 고래고시는 제1조(목적)에서 "우리나라 주변수역의 고래류 자원에 대한 합리적인 보존과 관리를 목적으로 한다"라고 분명히 밝히고 있음에도 제10조에서 혼획 고래의 유통을 인정하고 있음으로 해서 고래를 보존하지 못하는 결과를 초래한다.

> 제10조(혼획·좌초·표류된 고래류의 처리) 신고를 접수한 해양경찰서장은 불법포획 여부 등을 조사한 후 위법행위가 확인되지 않은 죽은 고래에 한하여 (중략) 처리확인서를 고래류 1마리당 1건으로 신고자에게 발급하여야 한다.

고래고시가 진정으로 고래 자원의 보존을 목적으로 만들어졌다면, 어민이 살아 있는 고래를 구조하거나 풀어주었을 때 보상금을 지급한다거나 어구 손상을 보전해주는 규정이 마련되어 있어야 한다. 지금은 그냥 어민이 살아 있는 고래의 구조와 회생을 위한 가능한 조치를 취해야 한다고만 나와 있지, 어민이 자연스럽게 고래를 풀어주려고 노력하도록 유도하는 규정은 없다.

현행 고래고시 조항에 따르면 그물에 걸린 고래가 살아 있을 경우 어민이 풀어주는 것과 죽은 뒤 신고하고 수협에 위판하는 것 가운데 어떤 행동을 취하는 것이 더 이득이 될까? 풀어주면 아무런 보상이 없지만 죽은 뒤 신고하면 수천만 원을 벌게 된다. 현행 고래고시는 자연스럽게 어민으로 하여금 그물에 죽은 고래가 발견되었다고 신고하도록 만들고 있다.

그렇기에 어민들은 그물에 걸린 고래가 살아 있어도 아무런 조치를 취하지 않고 죽도록 내버려두는 것이다. 이런 어민들을 비난하기는 힘들다. 자본주의 사회에서는 무엇보다 돈이 우선이니까. 그 돈 때문에 한반도 해역의 고래들은 수난을 겪고 있으며, 심각한 위기에 처해 있다. 고래들이 죽어나가고 있는 것은 결국 제도가 빚어내는 문제다.

고래보호국의
고래고기 환부 사건

고래고기와 관련하여 가장 충격적인 일은 이른바 울산지검의 고래고기 환부 사건이었다. 환부는 말 그대로 돌려준다는 뜻이다. 울산지검 모 검사가 불법 고래고기 21톤을 포경업자에게 멋대로 돌려준 것이다. 핫핑크돌핀스는 이 충격적인 사실을 인지한 직후인 2017년 9월 이 검사를 직권남용과 위계에 의한 공무집행방해 혐의로 울산지방경찰청에 고발하고 엄정한 수사를 촉구했다. 그런데 수사는 제대로 이뤄지지 못했다. 담당 검사는 조사를 거부한 채 해외연수를 떠났다가 1년 후 돌아와 여전히 조사를 거부했고, 전관예우 의혹을 받고 있는 핵심 피의자 변호사에 대해 경찰이 신청한 영장은 대부분 울산지검에 의해 기각되었다. 진실을 밝히려는 경찰 조사를 검찰이 나서서 방해한 것이다.

핫핑크돌핀스가 충격을 받은 이유는 환부 결정을 내린 검사가 울산지검에서 고래고기 불법유통 사건 등을 담당하는 환경·해양 분야의 검사였기 때문이다. 이 검사가 고래 관련 사건을 담당해보았다면 시중에서 암약하는 고래고기 포획, 유통 전문조직이 포획 담당, 해체 담당, 해상 운반 담당, 육상 운반책, 보관책, 유통책 등으로 조직적으로 나뉘어 우두머리의 명령 하에 치밀하게 움직이는 범죄조직이라는 점을 모를 리 없었을 것이다. 그리고 시중에서 밍크고래가 1마리당 수천만 원의 가격으로 거래되고 있으며, 수요가 공급을 항상 상회하기 때문에 불법포획의 유혹이 크다는 점을 모를 리 없다.

게다가 수산업법과 수산자원관리법의 처벌규정이 너무 약하기 때문에 고래 불법유통으로 수차례 유죄 판결을 받아도 선장이나 조직의 우두머리가 아닌 이상 대부분의 가담자들에게는 집행유예나 벌금형 선고가 내려진다는 사실도 잘 알려져 있다. 그래서 전과자들이 계속해서 고래 포획과 고래고기 유통에 가담하려는 유혹을 느낄 수밖에 없다는 점도 담당 검사가 모를 리 없었을 것이다. 이처럼 처벌이 약해 일부 포경업자는 관련 전과가 23범도 있다는 것을 시민단체도 알고 있기 때문이다.

최근 알려진 가장 큰 불법 포경조직 검거는 2018년 4월 18일에 드러났다. 경북지방경찰청이 선단을 구성해 동해와 서해상에서 밍크고래 8마리(시가 7억 원)를 불법으로 잡아온 혐의로 밍크

울산지검 불법 고래고기 환부 사건의 진실을 밝혀라 요구하는 핫핑크돌핀스.

고래 전문 포경조직 46명을 적발해 선주 A(40) 씨 등 10명을 구속하고 고래 해체 기술자 B(60) 씨 등 36명을 불구속 입건한 사건이다. 이 사건에서 가장 놀라웠던 점은 불법 포경조직 단원의 90퍼센트 이상이 동종 전과가 있었다는 점이다.

현행법상 고래를 불법포획하면 3년 이하 징역 3000만 원 이하 벌금, 판매자는 2년 이하 징역 2000만 원 이하 벌금에 불과하기 때문에 초범이면 거의 100퍼센트 불구속이고, 여러 차례 같은 범죄를 저질러도 집행유예나 길어야 1년에서 1년 6개월가량 징역을 살고 나오는 게 일반적이다. 포경업자들에게 솜방망이 처벌이 더 두려울까, 아니면 바다의 로또가 주는 유혹이 더 클까?

현재 한국에서는 밍크고래에 대한 포획이 주는 유혹이 처벌의 두려움보다 훨씬 크기 때문에 불법포획이 항상 이뤄질 수밖에 없는 구조를 안고 있다. 환경, 해양 분야 담당 검사가 이런 배경을 알고 있었다면 쉽사리 환부 결정을 내릴 수가 없었을 것이다. 이와 같은 사실을 종합해보면 고래고기는 '범죄 물품'의 성격이 강하기 때문에 일반적인 압수물처럼 취급하면 안 된다는 점을 알 수 있다.

비유를 하나 들어보자. 어느 마약유통조직이 대마초 27톤을 창고에 보관하고 있었는데 경찰의 급습에 걸려 전량 압수되었다. 마약업자들은 27톤 가운데 21톤의 대마초는 불법유통 마약이 아니라 한국 야산에 자연적으로 자라는 대마를 수거해서 자루에 담아두고 삼베를 만들려는 용도였을 뿐 흡연을 하거나 마약으로 판매하려는 다른 목적이 있었던 것이 아니라고 항변한다. 이 업자들은 이미 마약 관련 전과가 여러 차례 있었고, 대마초 보관 창고에는 흡연과 판매에 사용되는 도구도 함께 발견되는 등 경찰이 압수한 대마초 전량이 불법에 사용될 정황 증거가 충분했다. 그런데 검사가 21톤의 대마초를 마약유통업자에게 환부한다! 이게 가능할 리가.

이 비유를 통해 불법 고래고기 무단 환부사건의 본질적인 성격을 유추할 수 있다. 아마 울산지검은 적절한 비유가 아니라는 반론을 즉각 제기할 것이다. 고래고기와 마약은 성격이 다르거나 적용되는 법령이 다르다고 말할 수도 있다. 이 비유를 든 이유는

압수한 고래고기
포경업자에게 되돌려준
울산지검 규탄한다

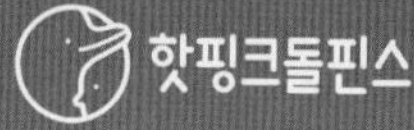

울산지검 불법 고래고기 환부 사건의 진실을 밝혀라 요구하는 핫핑크돌핀스.

21톤의 고래고기 환부사건에 대해 울산지검의 해명을 납득할 수 없기 때문이다. 고래고기는 화장품이나 담배나 사치품 같은 일반 압수물과는 그 성격이 판이하게 다르고 범죄와 연관되는 정황이 차고도 넘친다.

시중에 유통되는 고래고기는 70퍼센트 이상이 불법이며, 합법 고래고기로는 수요를 감당할 수 없고, 시중에서 고래고기는 비싼 가격에 거래되며, 처벌이 미미하고, 매년 불법포경이 적발되고 있다는 정황을 보면 고래고기는 일단 범죄 물품으로 여겨야 한다.

그래서 고래고기를 소지한 자가 합법이라는 것을 충분하고 설득력 있게 소명하기 전에는 검사는 이를 '장물'로 보고 관련 처리 규정을 따라 소각하거나 폐기해야 한다. 마치 마약처럼 말이다. 그런데 울산 고래고기 환부 사건에서 검사는 고래고기를 일반적인 압수물과 동일하게 취급하는 '실수'를 저지른다. 이에 따라 형사사건의 경우 법원에서 유죄가 확정되기 전에는 무죄로 추정하는 원칙에 따라 검사는 고래고기 21톤을 포경업자들에게 정당하게 환부했다고 서면으로 답변했다는 것이다.

고래고기를 마약처럼 장물로 보아야 한다는 것은 그저 당위적인 말이 아니다. 한국이 국제포경위원회에 가입하여 상업포경 중단 결정을 받아들이고 1986년부터 국내법으로 모든 고래류에 대해 포획과 유통을 금지한 이유는 무엇이었을까? 국제포경위원회는 지난 시기 지나친 포경으로 인해 대형 고래류의 개체수가 전지구적으로 급감했고, 상업포경을 금지시키는 방법을 통해 적극적으로 보호하지 않으면 대부분의 대형 고래류가 지구상에서 멸종할 수도 있다는 결론에 도달했다. 그리고 국제사회가 합의하여 1986년부터 상업포경에 대해 무기한 유예 결정을 내렸다. 한국정부도 이에 공감하고, 관련 법 제정을 통해 약속을 지키기로 했다. 그리고 대형 고래류뿐만 아니라 소형 고래류까지 포함해 모든 고래류에 대해 포획과 유통을 원칙적으로 금지시킨 것이다.

다만 예외 조항을 두어 고래고기의 유통을 허락하게 되는데, 이는 어디까지나 예외적인 상황에 해당된다. 즉 수산업법과 수산자원관리법에 모든 고래류의 포획과 유통을 금지하는 조항이 만들어진 법의 정신에 비춰보면 시중에 유통되는 고래고기는 예외적인 '비정상'의 경우라고 봐야 한다. 정상의 경우라면 고래는 포획되거나 유통되지 않고 잘 보전되어야 한다. 예외적으로 우연히 일부 고래가 유통될 수는 있지만 이것은 정상적인 경우는 아니고 어디까지나 우연히 생긴 비정상이며, 법이 제정된 목적을 이루기 위해 고래는 보호되어야 하는 것이다. 그래서 한국은 대외적으로 고래보호국이라고 선포한다.

해양수산부는 2018년 9월 17일 홈페이지에 게시한 해명자료를 통해 다음과 같이 밝히고 있다.

> 한반도 주변의 고래류 자원은 지속적으로 이용할 만큼 풍부하지 않다는 IWC 과학위원회의 평가에 따라 현재 한국 정부는 상업포경 재개보다는 고래류 자원에 대한 보존의 노력을 강조하는 정책을 추진하고 있습니다.

고래고기 유통은 지속적으로 이용할 만큼 풍부하지 않은 한반도 해역 고래류 자원을 더욱 감소시키는 것이므로 허용돼서는 안 될 것이다. 고래고기 유통은 수산업법 등에서 고래를 보호해야 한다는 법의 제정 정신을 정면으로 위배하므로 어디까지나 예외적으로 허용되는 비정상적인 것으로 인식되어야 하며 하루빨리 비정상의 정상화가 이뤄져야 할 것이다.

포경은 정말
한국의 전통일까

고래고기 유통이라는 비정상을 정상화하는 과정에서 큰 걸림돌은 고래고기를 먹어온 지난 시기의 습관이 울산, 부산, 포항 등 한국의 일부 지역에서 아직 잔존하고 있다는 점이다. 한국 정부는 이 점 때문에 고래보호국이라고 대외적으로 선언하면서도 고래고기의 유통을 예외적으로 허락할 수밖에 없는 모순에 처해 있다. 난처한 상황은 이미 오래전부터 계속되어왔다. 2005년 제57차 국제포경위원회 연례 총회가 울산에서 개최되는데, 이 자리에 참석한 오거돈 당시 해양수산부 장관은 다음과 같이 밝혔다.

> 고래 자원의 지속적 이용은 찬성하나 상업포경에 대한 찬반 입장은 밝히기 힘들다.

발언은 현장에 참석한 기자들 사이에서 "잡고는 싶지만, 잡아야 한다고 (공식적으로) 말할 수는 없다"라는 뜻으로 이해되었다.[*]

이런 모순적이고 어정쩡한 입장은 2018년 국제포경위원회 총회에서 해양수산부가 발표한 입장문에서도 그대로 드러난다. 영어로 공개된 입장문의 일부를 한국어로 번역하면 다음과 같다.

> 한국에서 생계 활동과 영양보충을 위해 오랜 기간 이뤄져왔던 연안 포경의 전통은 국제포경위원회의 1986년 결정에 따라 한국에서도 유예되었습니다. 당시 한국 정부는 포경업자들이 모든 고래잡이 활동을 전면 폐지하도록 법을 집행했으나 한국의 일부 지역에서는 혼획으로 인해 공급되는 고래고기를 소비하면서 국제포경위원회가 고래잡이를 다시 허용해줄 것을 오랫동안 소망하고 있습니다. (……)
> 한국 정부는 국제포경위원회 모든 대표단에게 고래 협약의 근본적인 목적은 고래류와 개체군을 적절하게 보전하고, 고래잡이 산업을 질서 있게 발전시키는 것에 있다는 점을 상기시키고자 합니다. 우리 정부의 견해와도 일치하는 것이지만, 회원국 정부가 다른 나라의 문화적 다양성과 유산을 상호 인정하는 것은 반드시 필요한 일입니다.

해양수산부는 전 세계 나라들이 모여 고래잡이 정책을 결정하는 자리에 한국을 대표하여 공식 서한을 보내 '포경이 한국의 전통이며 한국의 문화유산'임을 명확히했다. 이 서한은 본질적으

• 〈한국일보〉, "[국제포경회의] 한국 "잡고는 싶지만…" 어정쩡", 2005년 6월 22일.

로 국제사회에 한국의 포경 전통을 이해해 달라고 요청한 것인데, 고래고기를 먹는 것은 한국만의 문화적 다양성으로 인정해 달라는 요청이다.

현재 한국은 모든 포경을 불법으로 규정하고 있어서 포경위원회 규약을 잘 지키는 듯 보이지만, 그와 동시에 한국 포경의 유구한 전통 및 문화유산을 강조함으로써 언제든 국제사회의 향배에 따라 포경 재개 가능성을 전제하고 있는 것이 아닐까?

그런데 일본, 노르웨이, 아이슬란드 등 국제 사회의 비난에도 불구하고 현재도 포경을 이어가는 나라들은 하나같이 이를 자국의 역사적 전통이라고 주장한다. 한 나라의 전통을 다른 나라가 간섭하지 말라는 것이다. 노르웨이와 아이슬란드는 노골적으로 상업포경을 지속하고 있으며 2017년 한 해에만 각각 432마리와 17마리의 대형 고래류를 포획했다. 이렇게 잡은 고래는 모두 고래고기로 가공하여 일본에 수출하거나 자국 내에서 관광객들에게 판매한다. 2017년 한 해 전 세계에서 596마리를 죽여서 가장 많은 대형 고래를 포획한 일본은 여전히 과학조사를 포경의 명분으로 내세우며 전 세계 고래의 씨를 말리는 데 앞장서는데, 돌고래와 이빨고래 등 중소형 고래 포획까지 포함하면 일본은 매년 3,000마리가 넘는 고래류를 전통이라는 이름으로 잡고 있다.

한국 역시 부끄럽게도 포경이 전통이라고 주장함으로써 이런 대열에 동참하고 있다. 해양수산부를 비롯해 울산 지역의 많은 이들이 반구대 암각화, 사슴 뼈로 만든 화살촉이 신석기시대 출

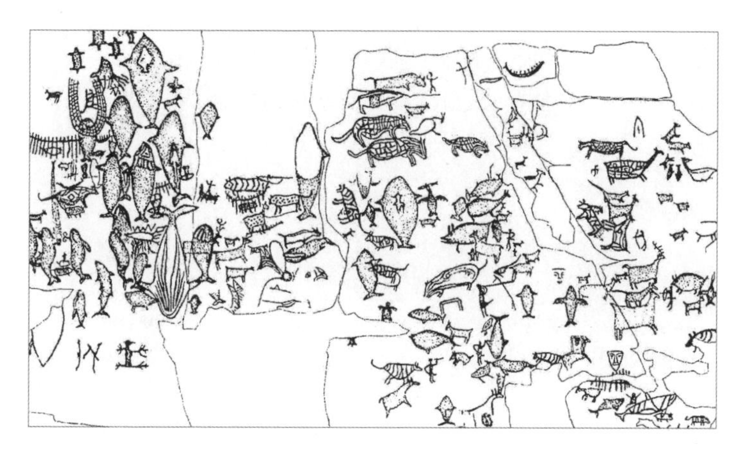

선사시대 한반도 해양 생활상을 보여주는 반구대 암각화. 이 암각화 하나만으로 포경이 한국의 전통이라고까지 말할 수는 없을 것이다.

토된 고래 뼈에 박혀 있던 사례 등을 예로 들어 포경이 한반도에서 선사시대부터 이뤄졌다고 주장한다.

그러나 반구대 암각화는 선사시대에 한국의 해양문화와 해안가 마을에 살았던 사람들의 생활상을 보여주는 소중한 문화유산일 뿐이지 한국의 포경 전통을 합리화하는 근거로 사용될 수는 없다. 왜냐하면 반구대 암각화가 그려진 선사시대 이후 고려시대, 조선시대 등 매우 긴 시기를 거쳐오는 동안 한반도에서는 포경이 이뤄졌다는 증거가 없기 때문이다.

해양학자 주강현이 쓴 《제국의 바다 식민의 바다》를 보면 한국은 고대에서 중세, 근대에 이르기까지 바다와는 그리 친하지 않았고 해양의 중요성을 이해하지 못해 세계 무대에서 고립된 나

한국의 마지막 고래 포수 추소식 씨가 장생포 고래마을에서 작살포로 고래를 잡는 시범을 보이고 있다.

라였다. 그렇기에 선사시대 유적에도 불구하고 포경을 우리의 유구한 전통이나 문화로 볼 수는 없다. 한반도에 살아온 사람들은 일제에 의해 작살포를 사용하는 근대 포경이 도입되기 전에는 기나긴 시간 동안 포경을 거의 하지 않았다.

그렇다면 한국의 포경은 언제 시작되었을까?

울산 장생포에 가면 옛 포경의 기억을 되살리려는 듯한 고래 마을이 만들어져 있다. 그곳을 찾는 관광객들에게 포경선 뱃머리에 붙어 있던 작살포를 부여잡고 과거 고래 사냥 당시 모습을 설명하는 '한국의 마지막 고래 포수' 추소식 씨는 한반도에서 근대적 포경이 시작된 것은 19세기 말 제정러시아에 의해서였다고 증언한다. 그 전까지는 포경이 전혀 이뤄지지 않았다는 것이다.

26세에 선장이 되고, 30세에 고래포수가 되어 울산 앞바다를 누비며 고래를 잡던 그는 1986년 국제포경위원회의 결정으로 한국에서도 고래잡이가 금지되자 포경을 중단했다.

그는 한국 해역의 고래 개체수가 현저히 줄어든 지금 불법포경은 거의 근절되었으나 여전히 불법 고래잡이가 이뤄지고 있으며, 앞으로는 고래잡이에서 고래 보호로 무게중심이 이동하는 것이 맞다고 핫핑크돌핀스와의 인터뷰에서 밝히기도 했다.

한국의 고유종 대형 고래로 서양에 보고되었던 귀신고래만 해도 1910년 이전에는 거의 사냥하지 않았다. 포경을 하기 전 동해는 고래들의 천국이었다. 고래가 너무 많아서 서양 사람들이 놀라며 '고래의 바다'라고 부르기까지 했을 정도다. 그런데 일제강점기가 시작된 이후 1911년부터 1936년 사이 울산 해역에서만 귀신고래 1,306마리가 일제의 포경으로 희생되었다. 매우 짧은 기간이지만 제정러시아의 한반도 해역 포경은 러일전쟁으로 막을 내렸다. 일제는 이 전쟁에서 승리한 이후 '포경 독점권'을 행사하며 한반도 연근해에서 본격적인 포경을 시작했고 동해와 흑산도 해역 등 한반도 해역 전역에서 고래 씨를 말리는 포경을 자행했다.

흑산도와 고래의 연관성을 좇아 '해양문화 탐사기'를 연재해온 오마이뉴스 이주빈 기자는 흑산도에 일본이 포경 근거지를 세우고 고래 살육을 자행했던 사실을 치밀한 추적을 통해 밝혀냈다. 그의 석사 학위 논문 〈일제 강점기 '대흑산도 포경근거지' 연구〉에 의하면 일제가 한반도 근해에서 학살한 대형 고래만 8,000마리에 달한다. 일제 포경선들이 한반도 바다에서 포획한 고래는 1903년부터 1907년까지 1,612마리, 1911년부터 1944년까지 6,646마리이니 도합 8,259마리다. 이 가운데 특히 대형 고래의 남획이 극심했다. 긴수염고래 5,166마리, 귀신고래 1,313마리, 대왕고래 29마리, 향유고래 3마리 등이었다.

해방 이후 일본의 포경을 이어받은 것이 울산 등지의 어민들이었지만 이미 과도한 포획으로 대형 고래는 대부분 사라지기 시작했고, 한때 한국에 번성했던 귀신고래는 이제 바다에서 찾아볼 수가 없게 되었다. 다급해진 당국은 1962년 울산 앞바다를 귀신고래 회유 해면으로 명명하고 천연기념물 126호로 지정하며 이곳에 고래들이 돌아오기를 소망하지만 한번 사라진 대형 고래는 다시 이곳에 나타나지 않았다. 귀신고래가 한국 해역에서 마지막으로 목격된 것은 1977년이다. 그래서 일제가 패망한 이후 고래잡이 도구와 시설을 넘겨받은 한국의 포수들은 대형 고래류 가운데 가장 작은 축에 속하기 때문에 원래는 거들떠도 안 보던 밍크고래까지 마구잡이로 잡을 수밖에 없게 된 것이다.

고래잡이는 한국의 전통이라고 불러서는 안 된다. 고래잡이는 본질적으로 학살의 기억이자 부끄러운 과거에 불과하기 때문이다. 많은 나라들이 잘못된 과거를 반성하고 포경국에서 고래보호국으로 거듭났다. 우리는 부끄러운 과거를 묻어버리거나 잊어버리

국제포경위원회 총회가 열린 브라질에서 전 세계 고래보호단체 활동가들이 모여 일본의 상업포경 재개를 규탄했다. © International Institute for Sustainable Development

면 안 되겠지만, 포경은 우리가 청산해야 할 일제강점기의 적폐일 뿐이지, 유산이나 전통이 되지는 않는다.

우리는 무엇을 전통이라고 불러줄까? 아마도 무엇을 전통이라고 부를 때 그것은 우리가 기리고 계승할 의미가 있는 것에 한할 것이다. 그런 의미에서 포경을 전통이라고 부르는 순간 이는 계승해야 할 것이 된다. 많은 종이 멸종위기에 처하며 생물다양성이 위협을 받는 시기에 해양생태계의 최상위 포식자인 고래류는 생태계의 균형을 유지하는 중요한 역할을 한다. 그래서 한국은 이제부터라도 고래 보호라는 새로운 전통을 만들어가야 한다. 친일 잔재 청산은 너무 오래 미뤄둔 숙제다. 포경이라는 친일 잔재와는 이제 완전히 단절해야 할 것이다.

포경선박은
실제로 어떻게 생겼을까

한국은 고래잡이를 금지하고 있지만 불법포획은 여전히 기승을 부리고 있다. 최근 소식만 보더라도 2019년 2월 27일 전북 부안 해상에서 밍크고래를 불법포획한 선원 다섯 명이 해경에 적발되어 불구속 입건되었고, 3월 9일에는 전북 군산 어청도 해상에서 해체된 고래 100킬로그램가량이 실려 있는 선박이 해경에 적발되어 선장 등 선원 다섯 명이 불구속 입건되는 일도 발생했다. 이들은 대부분 벌금 수백만 원을 내는 것으로 처벌이 마무리된다. 밍크고래 한 마리에 평균 5000만 원에 거래되는 것을 감안하면 벌금은 그저 새 발의 피에 불과한 수준이다.

검거된 포경선원들은 다시 밍크고래 불법포획에 나서기도 한다. 한국에는 전과 10범이 넘는 포경업자들도 있으며, 검거되는 포경선원들은 대부분 동종 전과가 있다. 현재 전국적으로 불법포경선이 31척에 달하는 것으로 알려져 있다. 핫핑크돌핀스가 해경 수사관과의 대화 및 언론 인터뷰 등을 통해 파악한 바에 따르면 2017년까지는 전국에 약 15척 정도의 불법포경선이 암약 중이었는데, 2018년 23척으로 늘어났고, 2019년에는 전국적으로 30척이 넘는 포경선이 밍크고래 사냥을 벌이고 있는 것으로 추정되는 상황이다.

각 지역 일선 해경들은 어떤 선박이 포경에 사용되는지도 대부분 파악하고 있다고 한다. 어떻게 알 수 있을까? 포경을 위해 개조한 선박들은 대부분 비슷한 특징을 보인다. 고래를 발견하기 좋도록 선박 꼭대기에 망루를 설치했으며, 포수가 한 손으로 작살을 던질 때 바다에 떨어지지 않도록 선두에 난간을 만들어 놓았다. 포수는 다른 손으로 난간을 붙잡고 몸을 지탱하면서 작살을 던지는 것이다. 또한 잡은 밍크고래를 끌어올리기 쉽도록 선박 측면이 모두 개방되어 있다. 이렇게 개조한 선박은 밍크고래 사냥에 동원된다고 볼 수 있는 것이다.

핫핑크돌핀스는 2018년 9월 울산지검이 주최한 불법 고래고기 유통 금지 세미나에 참석하여 해경 수사관에게 불법포경선의 압수를 요청했다. 고래를 보호하기 위해서는 선제적인 조치가 필요함을 역설한 것이다. 어차피 어떤 선박이 포경선인지 뚜렷하게 구분할 수 있으니 선제적으로 선박조종 면허를 취소한다든가 운행 금지 조치를 취하라고도 요청했다. 하지만 해경 수사관은 관련 법령이 강력하게 마련되지 않아서 선제적인 조치를 취하기는 어렵고, 실제로 선박이 고래를 포획하는 현장을 덮치지 않으면 단속이 어렵다는 고충을 토로했다. 심증은 있으나 물증이 없으면 힘들다는 것이다.

그런데 고래를 사냥하는 현장 단속은 거의 불가능하다. 포경은 특성상 먼바다에서 이뤄지고, 고래를 사냥한 이후에는 즉시 사체를 해체하여 바닷속에 고래고기가 든 자루들을 감춰놓고 부표를 달아 표시해놓고 GPS 위치 정보를 공유하며, 운반책은 한밤중에 은밀히 육상으로 이송하기 때문이다. 현장에서 포경이 적발된 경우에도 고래 사체를 바다에 버리는 식으로 증거를 인멸하면 역시 단속이 어려워지기도 한다. 쉽게 말해 한국 정부는 어떤 선박이 불법포경에 사용되는지 뻔히 알고 있으면서도 관련 법령이 미비하여 별다른 조치를 취하지 못하는 것이다.

한국 해역에서 불법포경을 일삼는 선박들은 보통 두세 척이 선단을 이뤄 밍크고래 사냥에 나선다. 최근에는 다섯 척이 포경 선단을 이뤄 포경을 하다가 적발된 사례도 있다. 포경선 두세 척이 팀을 이뤄 밍크고래를 쫓으면 사냥 성공 확률이 80퍼센트 이상으로 올라간다고 사냥꾼들은 증언한다. 포경선들은 바다에서 고래를 발견하면 서로 통신을 주고받으며 작살을 겨눈 포수가 있는 선박 쪽으로 고래를 몰아가고, 다가온 고래에게 한번 꽂히면 빠지지 않는 날카로운 쇠작살을 던져 고래 몸에 박는다. 밍크고래는 피를 흘리며 죽어가고 이를 해체해 고래고기로 유통시키는 것이다.

고래 불법포획이 잇따르자 해경이 통계를 내놓았는데, 2014년부터 2018년까지 최근 5년간 한국 해역에서 불법포획된 고래는 총 53마리라고 한다. 이 가운데 밍크고래가 26마리, 상괭이 23마리, 기타 4마리 등이라는 것이다. 그런데 해경에 적발된 숫자가 이 정도이니 실제로 행해지는 불법포경 숫자는 훨씬 많을 것이다.

한반도 해역에서 밍크고래에 대한 포경은 주로 울산, 포항 등 동해안에서 이뤄지는 것으로 알려져 있지만 실제로 2010년대 중반 이후 서해안에서 불법 고래 사냥이 집중되고 있다. 밍크고래들은 수온이 내려가는 11월부터 다음해 5월 무렵까지는 서해안, 남해안, 제주 남쪽 해안, 동중국해 부근에 머물다가 여름철이 되어 수온이 오르기 시작하면 북쪽으로 이동을 시작해 수온이 보다 차가운 동해 북단이나 오호츠크해 부근으로 이동하여 활발한 먹이 활동을 하는 것으로 알려져 있다. 이것이 지금까지 밝혀진 한반도 해역 밍크고래들의 회유경로다.

군산 어청도 등 서해안에 연중 머무르는 개체군도 있는 것으로 알려지고 있다. 이 밍크고래들이 한반도와 일본열도 인근 해역 개체군J-stock이다. 경계가 없는 바다에서 이들이 한반도 해역으로 들어오면 불법포획과 의도적인 혼획으로 한국 식당에 팔려가고, 일본 해역으로 넘어가면 일본 과학포경 선박에 잡혀 일본 식탁에 올려지는 것이다. 그런데 앞으로는 일본의 상업포경 재개로 더욱 큰 타격을 입을 것으로 보이며, 전체 개체수가 크게 감소할 것으로 우려된다.

일본 상업포경 재개에 따른 충격을 줄이고, 개체수 급감을 방지하기 위해서는 밍크고래를 보호대상해양생물로 지정하여 고래고기의 시중 유통을 금지시키는 방법밖에 없다. 해양수산부는 하루속히 밍크고래를 보호종으로 지정해야 할 것이며, 해경은 불법개조 포경선에 대한 단속을 더욱 강화해야 한다.

군함과 고래는 **바다에서 공존할 수 있을까**

일곱 마리 제주 남방큰돌고래들이 고향 바다로 돌아갔지만 아직 한국 수족관 시설에는 2019년 8월 현재 38마리의 고래류가 갇혀 있다. 제주 바다에서 잡혀온 돌고래들은 원래 잡혀온 곳으로 돌려보내면 되지만 문제는 해외에서 수입되어 공연과 전시에 이용되어온 돌고래다. 일본 다이지 인근 북태평양에서 잡혀온 큰돌고래와 러시아 북극해에서 잡혀온 흰고래 벨루가들은 고향 바다로 돌려보내기 힘들다.

이를 위해 핫핑크돌핀스에서는 돌고래 탈시설 프로젝트 '돌고래 바다쉼터' 만들기를 추진하고 있다. 원 서식지로 돌려보낼 수 없는 수족관 고래 가운데 너무 늙어서 쇼를 할 수 없거나, 시설이 너무 낡았거나, 폐사율이 지나치게 높은 곳 그리고 돌고래 쇼가 중단된 곳의 돌고래들은 좁은 수조가 아니라 자연과 비슷한 환경의 넓은 바다쉼터에 보내 남은 삶을 보낼 수 있도록 하자는 것이다. 이미 1~2년 전부터 이탈리아, 영국, 캐나다, 미국 등지에서도 비슷한 움직임이 벌어지고 있다. '21세기 노예제도'의 완전한 폐지를 목표로 활동하는 사람들이 많다. 이는 거부할 수 없는 역사적 흐름이다.

돌고래 문제에 관심을 갖고 활동하다 보니 전에 보이지 않던 문제들이 보이기 시작했다. 예를 들어 전함이 해상군사훈련을 벌이는 바다 부근에서 죽어가는 고래들이 무척 많다는 사실이다. 한국 해역에서는 매년 수개월 동안 미군과 한국군이 합동 군사훈련을 벌인다. 최신예 핵잠수함과 이지스전투함과 온갖 첨단무기들이 총출동하는데, 이런 것이 해양생태계에 어떤 영향을 끼칠 것인가? 이에 대해서는 한국에 거의 알려진 바가 없다.

위기가 찾아오고 군사적 긴장이 고조될 때마다 동해와 제주 남방 해역에서 한미 군함들이 모여 해상훈련을 벌이는데 이곳은 남방큰돌고래를 비롯해 들쇠고래, 여러 종류의 부리고래, 밍크고래, 범고래, 참돌고래, 큰돌고래, 흑범고래 등의 서식처나 회유경로로 알려진 곳이다. 그런데 군함이 사용하는 소나(음파탐지기)는 강력한 초음파를 발사해 수중의 물체를 탐지한다. 소나는 원래 고래류가 먹이 활동과 소통을 위해 사용하는 초음파의 원리에서 기술을 베낀 것이다. 이 때문에 1960년대 이후 해상 군사훈련이 벌어지는 곳에서는 항상 고래류의 떼죽음 현상이 벌어지곤 했다. 과학자들은 이 문제에 관심을 갖고 연구를 시작했고 결국 2000년 무렵 해군훈련과 고래들의 죽음 사이에 인과관계가 과학적으로 증명되었다.

그래서 전 세계 바다에서 해군력을 뽐내며 군사훈련을 벌이던 미 해군에게 고래류 집단 좌초의 원인제공자라는 비난이 집중되기 시작했다. 이 문제를 해결하기 위해 미군은 과학자들과 공동으로 환경영향평가서를 작성한다. 이에 따르면 전함의 엔진 소음과 음파탐지기의 사용 그리고 수중 무기 등에서 발생하는 소음 등으로 매년 25만 마리 이상의 고래류가 청력을 상실하고 있으며, 앞으로 해군 훈련이 증가해 더 많은 전함들이 바다에서 작전을 벌이면 매년 많게는 100만 마리 이상의 고래류가 청력에 손상을 입거나 영구적으로 상실할 것이라는 전망이 나왔다.

지중해, 흑해, 태평양, 대서양 등 전 세계 바다에서 해군 훈련과 고래 좌초가 함께 발생했는데, 특히 초강력 소나는 고래류의 청력을 손상시켜 집단 좌초에 이르게 하거나 대량 살상을 일으키는 직접적인 원인이 된다고 미군이 솔직하게 인정했던 것이다. 그래서 유럽에서는 미국을 비롯한 여러 나라들이 고래류 서식처 인근 바다에서는 해군훈련을 실시하지 않기로 흑해지중해고래류보존협정을 맺기도 했고, 미 해군 역시 수중음파탐지기 사용을 제한하기로 결정했다.

한국은 어떨까? 돌고래를 죽음으로 내모는 해군 훈련을 중단하라고 핫핑크돌핀스가 외치고는 있지만 아직 시민사회의 공감을 얻지는 못하는 것 같다. 그깟 돌고래보다는 안보가 훨씬 중요하지 않느냐는 점잖은 타이름과 비웃음이 귓가에 맴돈다. 미 해군만큼 철저한 조사는 하지 못하더라도 한국에서도 최소한 해군 훈련과 고래류의 좌초 및 폐사 사이에 대한 관련성을 밝혀보려는 연구라도 시작되었으면 좋겠는데, 아직 이 문제에 관심을 가진 학자를 만나보지 못했다.

고래들이 죽으면 부검을 하는데, 한국의 부검의들도 청력 손상에 대해서는 아예 살펴보지 않는다. 즉 동해와 제주 해안에서 죽은 고래의 사체를 가져와 부검을 할 때 고래들의 청각기관은 검시가 되지 않아 사망 원인으로 다뤄지지도 않고 있다. 만약 인근 해상의 전함들이 내뿜은 교란 음파 때문에 좌초되어 죽은 고래가 발견되었다면 아마도 사인은 '불명'으로 나오지 않을까.

그러니 한국에서는 지금까지 누구도 해상군사훈련과 고래류의 죽음 사이에 관련이 있다는 것조차 관심을 갖지 않는다. 군사문제에 민간의 개입 자체가 불가능한 한국의 상황에서 고래의 죽음 가능성까지 거론하기에는 너무 많은 과제들이 남아 있는 것도 사실이다.

그래서 다시 핫핑크돌핀스가 활동을 시작한 제주 강정마을로 문제를 좁혀볼 수 있다. 제주해군기지가 완공되었지만 진짜 문제

2018년 10월 9일, 제주 범섬 인근에 군함이 있다. 해군의 소나는 청각으로 바닷속을 보는 고래를 위협한다.

는 이제부터 시작될 것이다. 공사 과정에서 연산호 군락이 파괴되고, 콘크리트 구조물이 조류의 흐름을 뒤흔들어놓고 있으며, 인근 바다가 오염되어 해양생태계가 손상되었다는 것이 드러났는데, 이런 상황에서 전함이 더욱 자주 들락거리게 되면 문제는 더욱 커질 것이 분명하다.

강정 앞바다를 자주 찾던 돌고래들은 이제 가까이 오지 않는다. 그 빈자리를 미국의 최신예 이지스구축함 줌월트가 차지하려고 한다. 무시무시한 전투 장비를 갖춘 괴물이 제주도에 들어온다는 것이다. 그런데 돌고래를 쫓아내고 군함이 득세하는 상황이 제주만의 문제가 아니라는 것에 더 큰 무서움이 도사리고 있다. 동아시아 바다에서 이 상황은 공통적으로 벌어지고 있다. 제주 돌고래 서식처나 잘 보전하면 되지 왜 해양환경단체가 해군기지 반대 운동을 하냐고 묻는 분들에게 지금 제주와 타이완 그리고 오키나와를 잇는 넓은 바다 일대를 둘러보라고 말하고 싶다.

이곳은 지금 세계에서 가장 군사적 긴장감이 높은 곳이다. 얼마 전에는 한국-중국-일본 해역에 미국의 칼빈슨호, 조지워싱턴호, 니미츠호 등 항공모함이 몰려들어 위력을 과시했다. 중국도 새로운 항모를 건조하기 바쁘다. 바다가 각국이 벌이는 미사일과 전투기와 함정 들로 인해 난장판이 되어버렸다.

그런데 그 바다에는 오래전부터 멸종위기 해양생물이 살아오고 있다. 약 3~6마리 남아 있는 오키나와 듀공, 100마리 정도 남은 제주의 남방큰돌고래, 그리고 71마리로 파악된 타이완 인근 해역의 분홍돌고래가 그들이다. 군사기지와 난개발로 서식처가 파괴되고 개체수마저 급감하고 있는 대표적인 바다의 친구들이다. 이들이 보내는 다급한 구조 신호를 외면할 수 없어서 제주에서 핫핑크돌핀스가 활동을 시작했던 것처럼 오키나와 섬에서는 듀공을 지키기 위해 활동가들이 나서서 헤노코 미군기지 매립공사를 저지해왔다. 타이완 섬에서도 분홍돌고래의 외침을 귀담아 들어온 활동가들이 있다.

이 지역들은 공통의 역사적, 사회적, 생태적 경험을 갖고 있다. 중앙집권화된 국가의 주변부에 위치해 복속되기도 하고 국가폭력에 많은 희생자를 낳기도 한 섬이지만, 섬들은 독자적 문화를 유지하며 독립의 꿈을 포기하지 않는다. 경계 바깥으로 밀려나기도 했던 섬들이 제국주의 질서에서 바다를 둘러싸고 벌이는 패권 다툼으로 다시 최전선에 놓이게 된다. 바다를 두고 연결된 섬들은 갈등보다는 교류에 익숙하다. 그곳에 군함을 보내는 것은 섬이 아니다. 그 바다에서 사라지고 있는 것은 평화이고, 멸종위기 생명들이 상징적으로 이 위기를 드러낸다. 그래서 핫핑크돌핀스는 한국-일본-중국의 국가연대가 아니라 제주-오키나와-타이완을 잇는 섬들의 연대에 참여하고 있다.

섬들 사이에서는 매년 돌아가면서 평화캠프를 열고 동아시아 평화활동가들이 교류하며 국가주의와 민족주의의 틀에서 벗어나 군사적 갈등이라는 공통의 문제를 해결하기 위해 노력한다. 비무장 평화의 섬을 만들고 가장 군사화된 대립의 바다를 공생과 평화의 바다로 전환시켜나가는 꿈을 꾼다. 배타적 경제수역과 항공식별구역과 관할구역과 공해상으로 나뉘고 중첩되기도 하는 저 드넓은 바다에는 사실상 경계가 없다는 것을 알게 된다.

고래들은 이것을 몸으로 보여준다. 밍크고래와 귀신고래와 혹등고래들은 이 바다를 넘나들며 봄이 되면 북으로, 가을이 되면 남으로 회유한다. 그래서 동아시아에서 평화의 상징이 있다면 바로 이 멸종위기에 처한 해양동물들이 아닐까? 핫핑크돌핀스는 '무국경 바다의 친구들'이라는 모임을 만들어 세 섬에서 해양포유류 보호 활동을 함께 하고 있다. 우리는 안타까움과 절박함을 공유하고 있다. 우리들이 공통으로 확인한 사항은 각종 난개발과

제주 바당 전체를 남방큰돌고래 보호구역으로 지정하라!

해상공사를 막고 서식처를 보전할 필요성이 시급하다는 것이다.

남방큰돌고래를 위해서 핫핑크돌핀스는 제주의 남서쪽 모퉁이 대정읍 한쪽에 생태배움터인 돌고래도서관을 짓기 시작했다. 제주에서도 가장 개발이 덜 된 이곳까지 돌고래들은 밀려나고 말았지만, 마지막 서식처에 자리를 잡은 돌고래들은 잘 지내고 있다. 우연히 그물에 걸려 공연장에 잡혀갔다가 천신만고 끝에 돌아온 춘삼이와 삼팔이도 이곳에 가면 새끼와 함께 유영하는 감동적인 모습을 우리는 연중 볼 수 있다.

야생방류된 돌고래가 무리와 온전히 어울려 새끼를 낳고 이렇게 성공적으로 다시 자연에 정착한 사례는 제주가 처음이다. 어떤

말로도 온전히 표현하기 힘든 이 자연의 환희를 핫핑크돌핀스는 더 많은 사람들과 나누고 싶다. 볼품없는 모습으로 좁은 수조에 축 늘어진 채 무료하게 지내던 돌고래가 바다로 옮겨지는 순간 뿜어내던 야생의 에너지는 그 자체로 놀라운 생태교육이다. 야생의 본능은 쉽사리 억압되지 않는다. 돌고래를 가축화하려는 업자들의 시도는 얼마나 무기력한가.

바다를 헤엄치는 돌고래들을 보며 사람들은 무엇을 느낄까? 돌고래는 나에게 길들여지지 않은 채 넓은 바다를 자유롭게 떠도는 해방의 메타포다. 비록 내가 얽매여 있다 하더라도 돌고래만큼은 자유로웠으면 좋겠다. 그물에 걸리지 않는 바람처럼 나도 어쩌면 언젠가 그렇게 될 수 있도록 말이다. 그들이 살아가는 곳이 지금 해군기지와 해상 풍력발전 공사 그리고 제2공항과 제주신항만 같은 대규모 토목공사로 몸살을 앓고 있다. 돌고래들의 수난은 나의 고통이다. 돌고래들이 돌아간 바다에서 수많은 생명이 쫓겨나지 않고 균형을 이뤄 공존할 수 있으면 좋겠다. 그래야 나도 좌절하지 않고 살아갈 힘을 낼 수 있을 것 같다.

귀신고래가
돌아오는 바다를 위하여

포경이라는 친일 잔재를 청산할 기회가 바로 지금 눈앞에 있다. 현재 고래고시는 고래고기 유통이라는 비정상을 정상처럼 보이게 하는 착시효과를 갖는다. 고래보호국이고 싶지만 고래고기는 유통을 허락해야 하는 모순적인 상황! 전 세계에서 이런 모순적인 상황에 처해 있는 나라는 한국이 유일하다. 일본, 노르웨이, 아이슬란드, 덴마크 등 고래고기를 먹어온 습성이 있는 나라는 당당하게 포경국임을 선포한다.

과거 포경국이었으나 고래고기를 먹는 습성이 없는 영국, 미국, 호주, 뉴질랜드 같은 나라들은 적폐를 청산하고 고래보호국으로 전환하여 국제포경위원회에서 적극적인 고래보호 정책을 펼치고 있다. 한국만 중간에 껴서 애매한 입장에 처해 있다. 이 모순은

귀신고래는 상업포경 이후 한국 바다에서 사라졌지만 북미 지역에서 고래 관찰 관광으로 만날 수 있다. © dan meyers, unsplash

앞으로 시간이 갈수록 더욱 증폭될 것이다.

고래고기를 먹으면서 고래를 보호하는 나라는 세계에 없다. 국제포경위원회와 세계자연보전연맹의 자료에 따르면 한국은 대형 고래 밀렵국으로 국제사회에 보고되어 있다. 대형 고래를 잡는 다른 나라들은 최소한 자국 법률에 의해 포경이 합법인데, 한국은 자국 법률로 포경을 불법으로 해놓았지만 밍크고래라는 대형 고래 밀렵이 여전히 이뤄지고 있다는 오명을 받고 있는 것이다. 고래 밀렵국이라니, 심각히 부끄러워야 할 일이 아닌가.

울산에서는 고래관광이 유행인데, 고래고기를 먹으면서 고래관광을 하는 것은 모순이다. 울산고래축제는 한때 고래고기 유통을 진흥시키기 위해 마련된 축제였다. 마치 반려견 축제에서 개고기를 먹는 것이 이상한 일이라면 그와 마찬가지로 비상식적인 일이다. 고래도시를 표방하는 울산은 먼저 친일 잔재를 털어내야 한다. 잔인한 고래 포획으로 널리 알려져 있는 일본 다이지 마을에 직접 방문해보니 고래고기 식당이 널려 있었다. 고래 관광을 오는 일본인들이 많았는데, 그 마을에서 일본 관광객들은 고래고기를 먹고, 돌고래 쇼를 보고, 수조에 갇힌 중형 고래들을 본다. 울산 장생포는 일본 다이지 마을을 벤치마킹한 것이다.

다이지 마을에서는 흑범고래, 들쇠고래, 큰머리돌고래, 낫돌고래, 큰돌고래, 점박이돌고래 등 다양한 고래류를 지속적으로 포획하고 살육한다. 이제 상업포경 재개로 대형 고래까지 잡아들일 것이다. 일본 다이지 앞바다는 쿠로시오해류를 따라 고래류가 이동하는 주요 길목이기 때문에 다양한 고래들이 회유한다. 고래도시를 표방하는 울산은 그 마을을 닮고 싶어 하지만 이는 원천적으로 불가능하다. 왜 그럴까?

다이지는 조그만 시골 마을인 반면, 울산은 거대한 중공업석유화학원자력 도시다. 다이지 앞바다에 고래들이 살지만, 울산 앞바다에는 고래들이 살지 못한다. 그럼에도 둘은 닮은 구석이 많다. 곳곳에 자리한 고래고기 식당이 그렇고, 다이지 구지라박물관과 장생포고래박물관이 그렇다. 일본의 전통을 답습해 한국의 전통이라고 우기는 꼴이 우습다.

일본 다이지 마을은 고래 포획의 잔인성이 널리 알려지면서 국제사회에서 점점 고립되고 있다. 2015년 세계동물원수족관협회 WAZA가 다이지 돌고래의 반입을 전면 금지시킨 것이 좋은 예다. 한국 역시 다이지에서 포획한 돌고래 수입을 금지시켰다. 고래도시를 표방하는 울산이 다이지처럼 고립되지 않으려면 고래고기, 돌고래 쇼, 불법포획이 횡행해왔던 고래 학대 도시였음을 솔직히 고백해야 한다. 지금이라도 울산은 다이지와의 정신적 유대관계를 끊고 진정한 고래보호 정책을 도입해야 한다. 그 출발은 고래고기 유통 금지와 돌고래 쇼 중단 및 돌고래 야생방류를 정책 목표로 두는 것이다.

고래고기 유통은 당장 중단시키는 것이 불가능하다면 앞으로 몇 년간 고래고기 식당 숫자와 혼획 고래 숫자를 절반 이하로 줄일 것을 목표로 삼고 관련 정책을 도입하면 된다. 즉 고래 유통증명서 발급 쿼터제 도입, 고래고기 식당 업종 전환 유도를 위한 장려금 지급, 수협 위판 고래의 경매가 50퍼센트 이상을 해양보호기금으로 징수하는 등의 정책을 시행할 수 있는 것이다.

그렇게 징수한 돈으로는 그물에 걸린 고래를 살려주는 어민에게 적당한 금액의 보상금을 지급하거나 손상된 어구에 대한 손실보전을 해주는 용도로 사용할 수 있다. 그래서 차츰 혼획된 죽은 고래도 시장에 유통되는 것을 완전히 금지하도록 해야 한다. 한국이 고래보호국을 표방하려면 어정쩡한 입장을 버리고 좀더 단호

해져야 한다. 고래고기를 먹는 관습과 과감히 단절하려는 용기가 필요하다.

우선은 밍크고래를 보호대상 해양생물로 지정하는 것에서 시작하자. 그렇게 되면 고래고기 소비는 자연히 줄어들게 될 것이며, 고래고기 유통은 서서히 사라질 것이다. 이제 한국은 과거처럼 단백질 공급원이 부족해서 고래를 잡을 이유도 없어졌다. 공장식 축산업의 급속한 증가로 인해 누구나 부담 없이 육류 섭취가 가능해지지 않았나. 더 이상 중금속으로 오염된 고래고기를 먹을 이유가 없어진 것이다. 동물권과 동물복지의 시대를 맞이하여 변화는 이미 시작되었다. 고래고기와 영원히 단절하는 이 생태적 전환을 망설일 필요가 없다. 이는 새로운 전통을 마련하는 과정이 될 것이다.

밍크고래의 보호종 지정은 단순히 한 종만을 위한 것이 아니다. 다른 대형 고래들이 한국 해역으로 돌아올 수 있는 최소한의 환경을 마련하기 위한 사전 정지작업에 해당한다. 국립수산과학원이 2008년 한국계 귀신고래를 사진으로 찍으면 500만 원, 그물에 걸리거나 좌초한 개체를 신고하면 1000만 원을 주겠다고 포상금을 내걸었지만, 아직 상금을 탄 이가 없다. '살육터'를 떠나버린 귀신고래는 돌아오지 않고 있는 것이다. 마찬가지로 한국 해역에서 자취를 감춘 참고래, 북방긴수염고래, 대왕고래 등도 다시 돌아오지 않고 있다. 밍크고래를 더 이상 잡(아먹)지 않고 잘 보전하겠

귀신고래를 찾습니다!
국립수산과학원에서 만든
귀신고래 제보 포스터.
© 국립수산과학원

다는 메시지를 대내외에 선포하고, 바다를 잘 가꿔나간다면 언젠가 사라진 대형 고래들이 돌아올 수도 있지 않을까?

우리는 다종다양한 대형 고래들이 마음껏 헤엄치며 살았던 '고래의 바다'를 복원하고 싶다. 로이 채프먼 앤드루스가 경탄했던 그 아름다운 고래의 바다를 되살리려면 고래의 개체수가 급감한 지금, 무엇보다 장기적인 보호 정책이 절실하다.

맺음말

바다에 작은 희망을

지금 한국 해역의 고래들은 전례가 없는 위기에 처해 있다. 2019년 7월 1일 일본의 상업포경이 시작되면서 한반도 해역 고래들은 전혀 새로운 상황에 들어서게 되었다. 현재 일본에서 식용으로 판매되는 밍크고래의 절반 정도가 동해를 회유하는 계군이라고 한다. 지금까지는 일본에서 과학조사와 연구 목적으로 동해 회유 밍크고래 계군을 사냥해 식탁에 올려왔는데, 노골적인 돈벌이 목적의 고래잡이가 시작된 후에는 더 많은 고래들이 사냥감이 되어버렸다.

동지나해에서 겨울을 보내고 봄이 되면 제주도, 남해안, 동해안 북단으로 올라왔다가 다시 가을이 되면 지나온 바닷길을 되돌아 내려가며 살아온 이들 무리는 한국 어민들이 쳐놓은 촘촘한 그물 말고도 이제 일본 고래잡이 포수들이 던지는 작살까지 걱정해야 할 판이다. 고래들에겐 '지옥의 문'을 여는 것이다. 일본도 상업포경을 하니 한국도 하라는 요구가 울산 장생포를 필두로 대두될 것이다. 대형 고래 가운데 상대적으로 개체수가 더 많아 보이는 밍크고래가 사냥감이 되었지만 아마 멸종위기종인 보리고래 등 다른 종으로도 포획의 작살이 향하게 될 것이다.

동해안과 남해안을 회유하는 밍크고래들은 자유롭게 경계를 넘어 일본 해역으로도 다니고 있다. 같은 집단의 밍크고래에서도 어린 개체들이 연안 쪽으로 회유하는 반면, 성체들은 보다 수심이 깊은 중간 해역을 따라 회유하는 것으로 알려져 있다. 이 고래들에게 바다의 국경선은 존재하지 않기 때문에 우리가 보호하지 못하면 일본 고래잡이배들의 공격을 받게 될 것이다.

고래가 위기에 처한 이유는 인간이 이들을 잡아먹기 때문이다. 한국은 고래를 잡지 못하게 하면서도 고래고기 먹는 것은 내버려두고 있다. 고래 먹는 것을 적극적으로 장려하는 일본에 비하면 한국이 더 나은 것일까? 문제는 한국 정부가 적극적인 고래 보호 정책을 펴지 않으면서 국제사회의 눈치만 보고 있다는 것이다. 그러는 동안 고래들은 계속 죽어나가고 있다.

돌고래들에게도 위기는 지속되고 있다. 토종 돌고래 상괭이는 바다에서 사라지고 있다. 2019년 3월 방송된 MBC 스페셜 『바다의 경고, 상괭이가 사라진다』 편에서 고래연구센터의 박겸준 박사는 이런 경고를 내놓았다.

"개체수가 90퍼센트 이상 감소한 수준이 아닐까 생각한다. 현재 상황도 위태로운 거다. 개체수가 줄어들면 줄어들수록 유전적인 다양성도 떨어지기 때문에 (환경 변화에 적응하지 못하고) 멸종위기가 되는 것."

그런데 상괭이는 매년 1,000마리 이상 안강망 같은 그물에 걸려 죽어가고 있는데, 그물 사용은 줄어들지 않고 있다.

제주 남방큰돌고래는 개체수가 겨우 120여 마리에 불과하다. 동해안에서 살아가는 참돌고래 개체수가 1만 마리 이상인 것에 비하면 적어도 너무 적어서 언제 사라져도 이상할 것이 없는 지경이다. 돌고래들은 밀려드는 해양 쓰레기와 제대로 처리되지 못한 하수가 그대로 흘러드는 제주 바다에서 버티며 살고 있는데, 한국 정부는 이권에만 눈이 팔린 일부 지역 주민들의 눈치를 보며 돌고래 보호구역 지정조차 못하고 있다. 관광 선박들이 돌고래들을 쫓아다니며 괴롭히거나 거대한 해상 풍력발전단지 같은 구조물이 바닷가 중간에 떡하니 들어서서 돌고래들을 쫓아내기도 한다. 이제 제주 남방큰돌고래들은 더 이상 쫓겨날 곳이 없다.

전 세계 바다에서 고래들이 쓰레기를 먹고 죽어간다. 고래류가 위기에 처해 있음을 단적으로 보여준다. 바다가 위기에 처해 있다는 뜻이다. 우리는 언제 바다가 내지르는 비명에 귀를 기울여

본 적이 있었나? 지금 해양동물은 비명을 지르고 있다. 핫핑크돌핀스는 이 소리를 귀담아 들어보고자 한다. 건강하고 깨끗한 바다를 만들기 전에 먼저 해양동물들의 고통에 조금이나마 공감해보자는 것이다.

어린 시절 큰 기쁨을 주었던 바다가 점점 변해가고 있다는 것을 느낀다. 다정한 노래를 들려주던 푸른 바다는 검은 매연을 내뿜는 선박들로 가득 차고, 작은 모래알이 반짝이던 해변은 갖가지 쓰레기로 뒤덮여 간다. 이 책을 통해 바다를 느끼고, 그곳에 사는 수많은 생명들의 삶을 상상해보았으면 한다. 바다에서 들려오는 외침에 조금 더 귀를 기울이자. 바다와 그곳에서 사는 생명들을 먹거리나 이용할 자원으로만 바라보는 인간 중심적 시선에서 벗어나 그들과 어떻게 공감하고, 평화로운 공존을 위해서는 어떤 노력을 기울여야 하는지 고민해보았으면 좋겠다.

우리의 작은 용기와 실천이 위기에 처한 바다에게 희망이 될 것이다. 햇살에 데워진 너럭바위의 온기와 바다의 반짝임, 그리고 철썩이는 파도의 노래는 우리에게 일상을 버티는 힘이 되어줄 것이다.

사랑하는 바다와 바다를 사랑하는 모든 이들의 평화를 빈다.

2019년 8월

핫핑크돌핀스

바다, 우리가 사는 곳

1판 1쇄 발행 2019년 10월 7일
1판 5쇄 발행 2022년 9월 15일

지은이 핫핑크돌핀스
펴낸이 심규완
책임편집 문형숙
디자인 문성미
모니터링 고경희

ISBN 979-11-967568-2-6 (03490)

펴낸곳 리리 퍼블리셔
출판등록 2019년 3월 5일 제2019-000037호
주소 10449 경기도 고양시 일산동구 호수로 336, 102-1205
전화 070-4062-2751 **팩스** 031-935-0752
이메일 riripublisher@naver.com

블로그 riripublisher.blog.me
페이스북 facebook.com/riripublisher
인스타그램 instagram.com/riri_publisher